国家示范（骨干）高职院校重点建设专业
农业机械应用技术专业优质核心课程系列教材

插秧机
构造与维修

主　编	高　芳	闫军朝	
副主编	李洪昌	韩永江	
参　编	陈友光	王石莉	沈有柏
	陈小刚	陈　晓	梁双翔
	姜红花		
主　审	刘明新		

机械工业出版社

本书围绕"插秧机构造与维修"这个主题，以典型机型的结构特点、常见故障诊断方法及故障排除维修步骤为案例进行编写，讲解了插秧机故障诊断与维修的新知识、新技术、新技能。全书共分7个项目，分别介绍了水稻种植概况及农艺技术，手扶式插秧机构造与维修，高速插秧机行走部构造与维修，高速插秧机插植部构造与维修，高速插秧机液压/电气装置构造与维修，高速插秧机的作业方法、调整与保养，水稻直播种植方式，内容先进，图文并茂，具有较强的直观性。本书内容精练，结构新颖，符合学生的认知规律，能激发学生的学习兴趣，简单易学。

　　本书可作为高职高专院校、成人高校以及中等专业学校农业机械应用技术专业的教材，也可供相关专业的工程技术人员参考，还可作为培训机构的培训用书。

　　本书配有电子课件，凡使用本书作为教材的教师可登录机械工业出版社教育服务网 www.cmpedu.com 注册后下载。咨询邮箱：cmpgaozhi@sina.com。咨询电话：010-88379375。

图书在版编目（CIP）数据

插秧机构造与维修/高芳，闫军朝主编. —北京：
机械工业出版社，2014.8（2022.1重印）
国家示范（骨干）高职院校重点建设专业农业机械应用技术专业优质核心课程系列教材
ISBN 978 - 7 - 111 - 46199 - 9

Ⅰ.①插…　Ⅱ.①高…②闫…　Ⅲ.①水稻插秧机 - 构造 - 高等职业教育 - 教材②水稻插秧机 - 维修 - 高等职业教育 - 教材　Ⅳ.①S223.91

中国版本图书馆 CIP 数据核字（2014）第 053697 号

机械工业出版社（北京市百万庄大街22号　邮政编码100037）
策划编辑：刘良超　责任编辑：刘良超　程足芬
版式设计：霍永明　责任校对：刘秀丽
封面设计：陈沛　责任印制：邰敏
北京富资园科技发展有限公司印刷
2022 年 1 月第 1 版·第 2 次印刷
184mm×260mm·11.5 印张·279 千字
标准书号：ISBN 978 - 7 - 111 - 46199 - 9
定价：36.00 元

电话服务　　　　　　　　　　　网络服务
客服电话：010-88361066　　　机　工　官　网：www.cmpbook.com
　　　　　010-88379833　　　机　工　官　博：weibo.com/cmp1952
　　　　　010-68326294　　　金　书　网：www.golden-book.com
封底无防伪标均为盗版　　机工教育服务网：www.cmpedu.com

前　言
Preface

插秧机是代替人力进行水稻种植的主要机具之一，近年来，我国连续出台了一系列惠农政策，拿出大量资金实施"购机补贴"，使我国的插秧机拥有量迅速增加。实践证明，水稻机械化育秧插秧技术是今后一个时期内水稻生产技术改革的主要方向，水稻机械化插秧是提高劳动生产率，减轻劳动强度，提高产量的有力措施和保障；使用机械化插秧可以减少劳动用工量，节约成本，提高单产。因此，拥有一本理论系统化程度高、新技术含量高、诊断维修方法先进的有关插秧机构造与维修技术的书籍就显得尤为重要。为此，我们精心编写了本书，以满足开设相关专业的高职高专院校、中等专业学校、培训机构及广大农机维修人员的迫切需要。

在编写本书的过程中，编者深入农机制造企业、农机销售流通企业开展调研，从农业机械应用技术专业的就业岗位所需的基本知识和基本技能分析入手，结合当前高职教学改革的最新趋势，聘请企业工程师参与部分章节的编写和审稿，在内容上突出教材的实用性和岗位技能针对性，坚持以就业为导向，以服务市场为基础，以能力为本位，培养学生的职业技能和就业能力，合理控制理论知识，丰富实例，注重实用性，突出新技术、新知识和新方法。

本书由常州机电职业技术学院高芳、闫军朝担任主编，李洪昌、韩永江担任副主编，参与本书编写的还有陈友光、王石莉、沈有柏、陈小刚、陈晓、梁双翔、姜红花。常州机电职业技术学院刘明新教授审阅了本书并提出了宝贵意见。本书在编写过程中，还得到了久保田农业机械（苏州）有限公司、江苏常发集团农机研究院、常州东风农机集团有限公司等企业的大力支持，同时也得到了常州机电职业技术学院有关领导和同事的大力支持，谨此致谢。

由于作者水平所限，书中误漏之处在所难免，恳请业内专家和广大读者批评指正。

编　者

目 录
Contents

项目一　水稻种植概况及农艺技术

【项目描述】

水稻是我国三大粮食作物之一，在粮食生产和消费中历来居于主导地位。水稻生长发育环境复杂，耕作栽培制度细致，生产环节较多，季节性较强，用工量较多，劳动强度大，农民劳作辛苦。改变水稻种植的生产方式，一直是广大农民的迫切愿望。本项目主要介绍水稻种植的状况及育秧技术。

【项目目标】

1. 能识别插秧机的类型和结构组成，并能指出各部分的主要功用。

2. 了解国内外产品及发展趋势。

3. 能对育秧各环节出现的问题进行诊断并及时采取措施。

任务一　水稻机械化种植概况及农机维修基本工具介绍

任务要求

☞知识点：

1. 了解国内外水稻插秧机的发展状况。

2. 了解水稻种植的基本方式。

☞技能点：

掌握国内外插秧机品牌，并调查销售状况。

任务分析

我国插秧机的推广不同于其他机械，它牵涉育秧、插秧和栽插后管理等工序，虽然插秧机推广多年，但是在很多地方还是采用传统的人工插秧方式，因此应广泛调研各地状况，分析原因，找出相应措施。

相关知识

水稻是我国最主要的粮食作物之一。我国常年种植水稻的面积约为 3200 万 hm^2，产量约占粮食总产量的 40%，是种植面积最大、单产量最高、总产量最多的粮食作物。

水稻与小麦、玉米等农作物相比，其种植技术复杂、生产环节多、季节性强、劳动强度大、用工量多。因此，改变水稻种植"面朝黄土背朝天，弯腰曲背几千年"的生产方式，一直是农民的迫切愿望。

在广大农村地区，要求实现水稻种植机械化的呼声日益高涨，水稻种植机械化已是大势所趋、人心所向。

一、水稻种植方式

水稻种植方式主要分为直播、插秧以及抛秧。水稻直播分为水直播和旱直播两种方式。旱直播包括旱撒播和旱条播，旱条播又包括常规条播和免耕条播，旱直播与水直播都可以采用机械化直播。插秧分为人工插秧和机械插秧。

1. 人工插秧

多年来，我国水稻种植一直以人工插秧为主。人工插秧种稻，生产工艺落后，作业条件艰苦，劳动强度大，占用人员多，作业效率低，给水稻生产带来一定困难，如图 1-1 所示。一般人工插秧的工作效率为 0.08 亩/h·人（1 亩 = 666.6m²）。

2. 抛秧

抛秧是指育成秧苗后改插秧为抛秧的一种省力种稻方法。抛栽的水稻有省秧田、省劳力、省成本、早发、早熟、增产、增效的明显效果。20 世纪 80 年代末期至 90 年代初期，随着我国农村乡镇企业的不断发展，农业劳动力逐步向第二、三产业转移。由于水稻抛秧栽培技术能大幅度减轻劳动强度，降低劳动成本，省工、省秧田、提高工效，同时没有缓苗期，所以，在国家农业部农技推广总站统一牵头下，全国各地积极组织试验示范和推广，使水稻抛秧种植方式在神州大地蓬勃展开，种植面积不断扩大，平均产量不断提高，社会经济效益十分显著。人工抛秧的工作效率为 0.14 亩/h·人，其缺点是抛植秧苗无序分布，均匀度差，抛植浅，通风透光性差，易倒伏，如图 1-2 所示。

图 1-1　人工插秧

图 1-2　水稻抛秧

3. 机械化直播

水稻直播就是不进行育秧、移栽而直接将种子播于大田的一种栽培方式，如图 1-3 所示。机械直播较适合粳稻和早稻品种。从提高劳动生产率、节约成本、易于实现水稻全程机械化的角度考虑，水稻机直播是一种较理想的种植方式。直播分为水直播和旱直播。机械水直播是在田块经旋耕灭茬平整后，土壤处于湿润或薄水状态下，使用水直播机或喷撒机将浸种催芽至破胸露白后的种子直接播入大田，播种后管好排灌系统，立苗前保持田面湿润，及时进行化学除草。与水直播技术配套的农业机械机型、性能较稳定。机械旱直播是对田块平整、沟系配套的麦田或油菜田用旱直播机直接播种，播后灌浅水，幼苗出齐后排水并进行化学除草，保持田间湿润，确保苗全。与旱直播技术配套的机械，北方为谷物条播机，南方稻麦轮作区以免耕条播机为主。水稻机械直播具有作业效率高、操作简便等优点，但也受多种因素制约，如天气、田块质量、前季留茬等，造成播期推迟。但是由于直播省去了育秧环节，工艺流程大大简化，省工节本，西方国家多采用此种模式，在我国单季稻区和太湖流域等稻麦区有较大的发展空间。

4. 机械化插秧

（1）机械化插秧技术的意义　水稻机械化插秧技术是一种采用高性能插秧机代替人工栽插秧苗的水稻移载方式，是水稻种植模式的重大变革，它打破了水稻全程机械化的瓶颈，提高了劳动生产率，如图1-4所示。手扶式插秧机的工作效率约为2.06亩/h，是人工插秧的24.7倍；乘坐式高速插秧机的工作效率一般为5亩/h，是人工插秧的48倍左右，降低了劳动强度，节约了劳动资源。机械化插秧技术的推广应用满足了发展现代农业，推进水稻生产全程机械化的需要。

图1-3　水稻直播

图1-4　水稻插秧机

（2）机械化插秧技术的优点　利用插秧机栽插水稻，能实现水稻稳产、高产。因其是实行宽行密植的栽插方式，利于水稻通风向阳，充分接受日照，能使水稻颗粒更饱满，空壳率大大降低，从而实现稳产、高产。据抽样测算，机械化栽插的水稻与手工栽插、直播、撒播相比亩平均增产50kg以上。

1）能节约水稻种植成本。插秧机栽插水稻，行距达28cm，通风向阳效果好，与传统栽插方式相比，能显著减少病虫害的发生，减少杂草的滋生，每亩节约农药费用、除草剂费用约40元。另一方面，机械化栽插与人工栽插相比节约成本近40元。

2）能减轻劳动强度，提高作业效率。人工栽插水稻1个工日只能插秧0.8亩左右，而机械化栽插水稻1h就能栽插秧苗2～4亩，每工日能栽插20亩左右，作业效率大大提高，劳动强度明显降低。

3）能增加购机农民收入。据抽样测算，机插收费每亩目前是40～50元，而其成本费用约20元，机械化栽插1亩水稻能获利近30元，1台插秧机正常年作业量约500亩，年获纯利约15000元，经济效益相当可观。

4）能增强水稻的抗倒伏能力。据了解，插秧机栽插的水稻杆子粗壮，与传统方式栽插的水稻相比，抗倒伏能力大大增强。从而更加有利于收割机进行收割，并能减少谷物损失。

（3）机械化插秧技术的缺点　机具价格昂贵，机械结构复杂，造成插秧机现场调试繁琐，限制了其工作性能的发挥；同时设备利用率低，年利用率仅为6%；机插秧对育秧、整田等技术要求高，辅助用工量大，操作规范要求较多。

二、机械化插秧效益分析

经过多年的实验、示范、国家补贴推广，机械化插秧的技术优势越来越多地被广大农民接受，目前，机械化插秧已经成为水稻机械化种植的主体。机械化插秧的经济和社会效益主要表现在增产、高效、节本、双赢、减灾等方面。

1. 增产

水稻产量＝亩有效穗数×每穗粒数×千粒重。机械化插秧与传统的作业相比，每公顷可增产稻谷约1t，增产幅度为5%～10%，按我国现有水稻种植面积3200万公顷计算，完成45%的机插率，可增产稻谷1440万t，具有显著的经济效益。

机械化插秧增产的原因主要有：保证足够的基本苗数量；保证浅移栽、薄水层；保证有良好的通风条件；保证透光好，维管束粗，灌浆速度快。

2. 高效

机械化插秧能减轻劳动强度，大大提高了作业效率。

3. 节本

机插秧育苗期易于集中管理，大大提高了肥、水、药的使用效果，减少了施用量。大田期，采用薄水活棵、浅水促分蘖、间歇灌溉的管水方式，也可大量节省用水。适当调节用肥比例与用肥时机，可大大提高肥料的增产效果。

4. 双赢

发展水稻插秧机械化，首先是稻农得益，而且种植规模越大，效益越显著。为农机手从事插秧机经营服务、增加收入开辟了渠道。

5. 减灾

减少稻瘟病、稻蓟马等发生几率。由于机插秧采用的是中小秧苗，其播期比常规育秧适当延迟，错开了条纹叶枯病等病害的高发期，有效降低了水稻遭病虫害的几率，且苗期有一段时间薄膜覆盖，切断了灰飞虱等虫害的侵染途径，移栽至大田时带病率低，因而发病率低，能减少用药次数。另外，机插秧宽行移栽，通风透光条件优越，也增强了水稻的抗逆性。在2003年、2004年江苏大面积发生水稻条纹叶枯病的情况下，机插水稻基本没有受到大的影响。通过典型调查看，机插水稻节水、节肥、节药优势明显，机插秧防治病虫害用药要比手工插秧少2～3次，对"无公害""绿色"稻米生产有显著作用，更能体现发展资源节约型和环境友好型农业的要求。

三、我国水稻插秧机发展现状

水稻种植机械化的发展模式主要取决于水稻种植栽培技术。纵观世界水稻种植技术发展概况，水稻种植技术主要有两种模式，即水稻直播种植技术和水稻育秧移栽种植技术。采用直播种植技术的国家主要有美国、澳大利亚、意大利及其他欧美国家。亚洲地区以育秧移栽为主，水稻插秧移栽已有上千年的历史。

1. 我国水稻种植机械化发展

我国水稻种植机械化的发展大致经历了3个阶段。

1）20世纪50~70年代，我国模仿人工移栽大苗的过程设计了水稻插秧机，但质量不过关，加之采用常规育秧，大苗需洗根移栽，费工耗时，植伤严重，终因效果差而自然终止。

2）20世纪80年代，一些经济发达省市引进国外机具设备，并推广工厂化育秧。但由于国外机具价格昂贵，工厂化育秧成本过高（也不适合农村小规模生产），农民难以接受，使水稻种植机械化发展又一次受挫。

3）2000年至今，我国坚持农机与农艺结合，引进、吸收、创新、研发相结合，开始了新一轮水稻种植机械化育插秧的探索并获成功。

国家多次召开水稻生产机械化会议，并将水稻种植机械研制列入国家攻关项目，促进了水稻种植机械化的发展，成功走出了一条"先引进，后消化吸收"的路子。

2. 国内主要插秧机企业及其产品

随着国内插秧机市场需求的启动，未来发展前景广阔，我国很多企业都介入插秧机的研发和生产。国外插秧机企业也改变过去单一的产品出口方式，纷纷在我国建立独资或合资企业进行插秧机生产。国内插秧机市场已经形成国际化的竞争局面。国内生产插秧机的企业主要有延吉插秧机制造有限公司、现代农庄湖州联合收割机有限公司和南通柴油机股份有限公司等。

在我国投资生产插秧机的外资企业有韩国东洋，日本久保田、洋马和井关等公司。这些企业在中国成立的公司有江苏东洋机械有限公司、久保田农业机械（苏州）有限公司、洋马农机（中国）有限公司以及井关农机（常州）有限公司等。这些公司以其成熟的产品技术，已经占据了我国插秧机市场的主导地位，但这些企业由于进入中国市场的时间和产品的侧重点不同，插秧机的发展情况差别很大。

3. 国内插秧机市场分布区域

我国种植水稻的重点区域为：湘、赣、粤、鄂、桂、苏、皖、川、浙、闽、云、渝、贵、琼、沪，种植面积达2700万 hm^2，水稻总产量达1.7亿 t，其面积和总产量双双超过我国水稻面积和产量的85%，这些区域也是我国水稻生产过程机械化的重点区域。

按地理位置和耕作制度划分，我国水稻产区可分为三大类：

（1）高寒温带一季稻区　主要包括黑、吉、辽、蒙、宁、新、冀、京、津等省区。

（2）麦稻轮作区　主要包括苏、赣、皖、鄂、川、鲁、豫等省区。

（3）多季稻区　主要粤、闽、湘、桂、湛等省区。

四、插秧机的分类

经过多年自主创新和引进、消化、吸收，目前生产上普遍推广应用的插秧机与传统的机动插秧机相比较，在先进性、适用性、可靠性、安全性等方面有了显著提高，同时根据不同的农艺条件和生产规模，形成了多样化和系列化产品。

1. 按操作方式分类

插秧机按操作方式分为手扶步行式与乘坐式。手扶步行式插秧机，简称手扶式插秧机，主要有东洋 PF455 插秧机、久保田手扶式（SPW-48C）插秧机、福田雷沃谷神神郎 2Z-6S 手扶式等。机动插秧机具体分类如下：

$$
\text{机动插秧机}
\begin{cases}
\text{手扶步行式} \\[2pt]
\text{乘坐式}
\begin{cases}
\text{普通}
\begin{cases}
\text{常规} \\
\text{轻便}
\end{cases} \\
\text{高速}
\end{cases}
\end{cases}
\text{复合}
\begin{cases}
\text{施肥} \\
\text{铺膜} \\
\text{施药} \\
\text{免耕}
\end{cases}
$$

乘坐式插秧机包括久保田高速乘坐式（SPU-68C）插秧机，东洋牌 P600 型高速插秧机，洋马 VP8D、VP6、VP4C 系列高速插秧机，湖州 2ZG630A 高速插秧机，吉林延吉春苗牌 2ZT-9356 乘坐式插秧机；山东福尔沃 2ZT-9356 乘坐式插秧机；福田雷沃谷神神郎 2Z-6 乘坐式插秧机、中国一拖 2ZT-6/8 普通型插秧机、山东宁联 2ZJ-6 型机动插秧机、中国一拖 2ZK-630 快速插秧机。

2. 按栽插机构分类

插秧机按栽插机构分为曲柄连杆式与双排回转式。曲柄连杆式栽插机构的转速受惯性力的约束，一般最高插秧频率限制在 300 次/min 左右，如果平衡块设计得完善，插秧频率就高。

双排回转式运动较平稳，插秧频率可以提高到 600 次/min，但在实际生产中，由于受其他因素的影响，生产频率只比普通乘坐式高出 0.5 倍左右。曲柄连杆式插秧机构被用于手扶式及普通乘坐式插秧机上，高速插秧机则采用双排回转式插秧机构。

3. 按插秧机栽插行数分类

手扶式插秧机栽插行数主要有：2、4、6 行等。

乘坐式插秧机栽插行数主要有：4、5、6、8、10 行等。

4. 插秧机按栽植秧苗分类

插秧机的栽植秧苗分为毯状苗及钵体苗。由于钵体苗插秧机结构较复杂，需专用秧盘，使用费用高，因此常用的插秧机均为毯状苗插秧机。

五、世界水稻种植机械化水平

目前，世界上水稻种植机械化水平较高的国家有美国、意大利、澳大利亚、日本和韩国。其中欧美国家以直播机械化为主，美国最具代表性；亚洲以育秧移栽为主，日本最具代表性。美国是最早实现水稻种植机械化的国家之一，水稻直播用种量是移栽用种量的 8～10 倍，对整地质量要求较高，一般应保证地表平整高度差在 20mm 以内，大型的激光平地机械使得水稻直播技术在欧美国家得以发展应用。

日本是水稻移栽机械化程度最高的国家。20 世纪 60 年代，日本在对我国水稻插秧机研究的基础上，特别结合对水稻种植工艺的研究，注重农机与农艺配套技术，从育秧到插秧综合考虑，解决了带土中、小苗的插秧农艺问题，并首先实现了工厂化育秧作业，为插秧机的使用提供了良好的秧苗条件。插秧机结构的简化，机械造价的降低，及水稻插秧机工作效率、可靠率、可靠性的提高，使得日本水插种植机械化水平得以迅速提高，到20世纪70年代末，日本的机械化插秧作业面积已占其水稻种植总面积的90%以上。20世纪80年代，日本全国基本形成了统一的水稻栽培模式，育秧、插秧机械已实现了系列化、标准化，水稻种植机械化水平有了进一步提高，达到98%，居世界前列。

六、常用测量工具

1. 钢直尺与卡钳

钢直尺用来测量长度，量出的尺寸可直接在钢直尺刻度上读出，如图1-5所示。

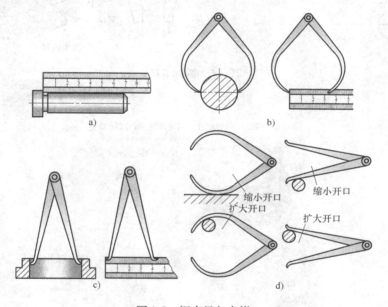

图1-5　钢直尺与卡钳

最常用的卡钳分外卡和内卡。外卡通常用来测量轴径等外尺寸，内卡用来测量孔径等内尺寸。由卡钳量得量距后移到钢直尺上进行读数即可得测量值，如图1-5所示。

2. 游标卡尺

游标卡尺分为读格式（简称卡尺）、带表式（带表卡尺）和电子数显式（数显卡尺）三类。我们常用的是读格式游标卡尺，如图1-6所示。

3. 外径千分尺

外径千分尺主要用来测量工件外径和外尺寸，如图1-7所示。

4. 测量工具的维护和保养

量具维护和保养得好坏直接影响其使用寿命及测量的精确度和可靠性，为了保证测量工具的精确度和工作的可靠性，必须做好量具的维护和保养工作。量具维护和保养的要点如下：

1）测量前应将测量工具的测量面和工件的被测表面擦拭干净，以免由于脏物的存在而

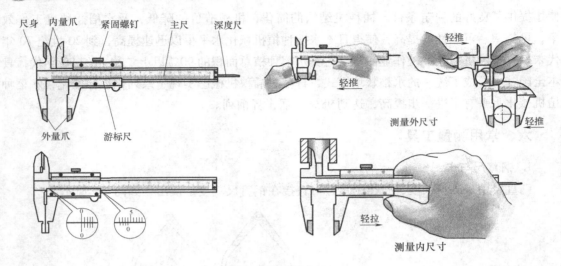

图1-6　游标卡尺

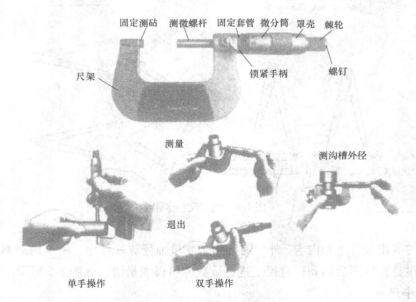

图1-7　外径千分尺

影响测量的精确度。

2）正确使用量具，不能硬卡硬塞而使量具磨损。

3）不能用精密测量工具测量粗糙的铸锻毛坯或带有研磨剂的表面。

4）使用量具要轻拿轻放，不要随意抛掷，更不能把量具当作其他工具来使用。例如，不可把千分尺当作小锤子使用，不可用游标卡尺画线等。

5）不要把测量工具放在具有磁场、高温或潮湿的环境中，以免测量工具因磁化、变形或生锈而失去精确度。

6）测量工具在使用过程中，不能与其他工具堆放在一起，以免被碰伤，也不能将测量工具放在有振动的地方，以免因振动使测量工具损坏。

7）测量工具在使用前后都必须用绒布擦拭干净，用完存放时，应擦油防锈，保管时不能与其他工具混放在一起，较精密的量具应放在特制的盒内，要衬有软垫，存放在干燥的地方。

8）清洗光学量仪外表面时，宜用脱油软细毛的毛笔轻轻拂去浮灰，再用柔软清洁的亚麻布或镜头纸擦拭。光学零件表面若有油渍，可蘸一定量酒精擦拭，但要尽量减少擦拭次数。

9）测量工具应定期检定，以免其示值超差而影响测量结果。

七、常用拆卸工具及其使用方法

拆卸零部件时，为了不损坏零件和影响装配精度，应在了解装配体结构的基础上选择适当的工具。常用的拆卸工具主要有扳手类、螺钉旋具类、手钳类和顶拔器、铜冲、铜棒、钳工锤等。

1. 扳手类

扳手的种类较多，常用的有活扳手、呆扳手、梅花扳手、内六角扳手、套筒扳手、管子钳等。

（1）活扳手 活扳手（GB/T 4440—2008）的外形如图 1-8 所示。

活扳手的规格以总长度×最大开口宽度表示，例如，100×13 表示总长度为 100mm，最大开口宽度为 13mm。活扳手在使用时通过转动螺杆来调整活舌，用开口卡住螺母、螺栓等，转动手柄，即可旋紧或旋松零件。活扳手具有在可调范围内紧固或拆卸任意大小转动零件的优点，但同时也具有工作效率低、工作时容易松动、不易卡紧的缺点。

（2）呆扳手和梅花扳手

1）呆扳手。呆扳手（GB/T 4388—2008）分为单头和双头两种，其外形如图 1-9 所示。

图 1-8 活扳手

图 1-9 呆扳手

单头呆扳手的规格以开口宽度表示，如 8、10、12、14、17、19 等。双头呆扳手以两头开口宽度表示，如 8×10、12×14、17×19 等。呆扳手用于紧固或拆卸固定规格的四角、六角或具有平行面的螺杆、螺母等。

呆扳手的开口宽度为固定值，使用时不需调整，因而具有工作效率高的优点。但缺点是每把扳手只适用于一种或两种规格的螺杆或螺母，工作时常常需要成套携带，并且由于只有两个接触表面，容易造成被拆卸件的机械损伤。

2）梅花扳手。梅花扳手（GB/T 4388—2008）分为单头和双头两种，并按颈部形状分为矮颈型、高颈型、直颈型和弯颈型。双头梅花扳手的外形如图1-10所示。

单头梅花扳手的规格以适用的六角头对边宽度来表示，如8、10、12、14、17、19等。双头梅花扳手以两头适用的六角头对边宽度表示，如8×10、10×11、17×19等。梅花扳手专用于紧固或拆卸六角头螺杆、螺母。梅花扳手在使用时因开口宽度为固定值不需要调整，因此与活扳手相比具有较高的工作效率，与前两类扳手相比占用空间较小，是使用较多的一种扳手。同时，因其有六个工作面，克服了前两种扳手接触面小，容易造成被拆卸件机械损伤的缺点，但有需要成套准备的缺点。

3）内六角扳手。内六角扳手（GB/T 5356—2008）外形如图1-11所示。

图1-10　双头梅花扳手　　　　　　　　　图1-11　内六角扳手

内六角扳手的规格以适用的六角孔对边宽度表示，规格有2、2.5、3、4、5、6、7、8、10、12、14、17、18、22、24、27、32、36。内六角扳手专门用于拆装标准内六角圆柱头螺钉，其使用方法如图1-12所示。

4）套筒扳手。套筒扳手（GB/T 3390.1—2004、GB/T 3390.2—2004）由套筒、连接件、传动附件等组成，一般由多个不同规格的套筒、连接件、传动附件等组成扳手套装，如图1-13所示。套筒扳手的规格以适用的六角孔对边宽度表示，如10、11、12等。每套件数有9、13、17、24、28、32件等。套筒扳手用于紧固或拆卸六角头螺栓、螺母。特别适用于空间狭小、位置深凹的工作场合，其使用方法如图1-14所示。

图1-12　内六角扳手的使用方法　　　　　图1-13　套筒扳手套盒

5）管子钳。管子钳（QB/T 2508—2001）的外形如图1-15所示。这种工具尽管名称为管子钳，但由于它用于紧固或拆卸金属管和其他圆柱形零件，故仍属于扳手类工具。

图1-14　套筒扳手的使用方法　　　　　　图1-15　管子钳

2. 螺钉旋具类

螺钉旋具俗称螺丝刀。常见的螺钉旋具按工作端形状不同分为一字槽、十字槽及内六角花形螺钉旋具。

（1）一字槽螺钉旋具　一字槽螺钉旋具（QB/T 2564.4—2002）的规格以旋杆长度×工作端口厚×工作端口宽表示，如 $50 \times 0.4 \times 2.5$、$100 \times 0.6 \times 4$ 等。一字槽螺钉旋具专用于紧固或拆卸各种标准的一字槽螺钉。

（2）十字槽螺钉旋具　十字槽螺钉旋具（QB/T 2564.5—2002）的规格以旋杆槽号表示，如 0、2、3、4 等；十字槽螺钉旋具专用于紧固或拆卸各种标准的十字槽螺钉。

（3）内六角花形螺钉旋具　内六角花形螺钉旋具（GB/T 5358—1998）专用于旋拧内六角圆柱头螺钉，内六角花形螺钉旋具的标记由产品名称、代号、旋杆长度、有无磁性和标准号组成。例如，内六角花形螺钉旋具　T10×75H GB/T 5358—1998，字母 H 表示带有磁性。

3. 手钳类

手钳类工具是专用于夹持、切断、扭曲金属丝或细小零件的工具。其规格均以钳名 + 钳长表示，如尖嘴钳 125，表示全长为 125mm 的尖嘴钳。

（1）尖嘴钳　尖嘴钳（QB/T 2440.1—2007）的用途是在狭小工作空间夹持小零件或扭曲细金属丝，带刃尖嘴钳还可以切断金属丝，主要用于仪表、电信器材、电器的安装及拆卸。

（2）扁嘴钳　扁嘴钳（QB/T 2440.2—2007）按钳嘴形式分为长嘴和短嘴两种，主要用于弯曲金属薄片和细金属丝，拔装销子、弹簧等小零件。

（3）圆嘴钳　圆嘴钳（QB/T 2440.3—2007）主要用于在狭窄或凹陷的工作空间中夹持零件。

（4）钢丝钳　钢丝钳（QB/T 2442.1—2007）又称夹扭剪切两用钳，主要用于夹持或弯折金属薄片、细圆柱形件，切断细金属丝，带绝缘柄的钢丝钳可在带电条件下使用。

（5）卡簧钳　卡簧钳（JB/T 3411.47—1999）也称挡圈钳，分轴用和孔用两种。为适应安装在各种位置的挡圈，这两种卡簧钳又分为直嘴式和弯嘴式两种结构，专门用于装拆弹性挡圈。

4. 顶拔器

顶拔器是拆卸轴或轴上零件的专用工具，分为三爪和两爪两种。

（1）三爪顶拔器　三爪顶拔器（JB/T 3411.51—1999）用于轴系零件的拆卸，如轮、盘、轴承等，其规格用顶拔零件的最大直径表示，如 160、300 等。

（2）两爪顶拔器　两爪顶拔器（JB/T 3411.50—1999），其规格用爪臂长表示，如 160、250、380 等。两爪顶拔器主要用于拆卸轴上的轴承、轮盘等，也可用来拆卸非圆形零件。

5. 其他拆卸工具

除了上述介绍的拆卸工具之外，常用的拆卸工具还有铜冲、铜棒和钳工锤。铜冲和铜棒专用于拆卸孔内的零件，如销钉等。钳工锤有木槌、橡胶锤、铁锤等，可作一般锤击用。

技能训练

1. 掌握常用测量工具的使用方法。
2. 了解常用的拆卸工具，掌握其使用方法。

任务二　育秧技术

任务要求

☞知识点：

育秧的基本流程，及各环节应注意的问题及采取的措施。

☞技能点：

1. 掌握育秧的基本流程；能够及时处理育秧过程中出现的问题。
2. 能对育秧各环节出现的问题进行诊断并及时采取措施。

任务分析

俗话说："秧好半亩田"，秧田管理得好，收成有一半希望；同时秧苗培育更是水稻机插秧成败的关键，并在一定程度上制约着水稻机插秧技术的推广，所以要大力推广工厂化硬盘育秧。

相关知识

一、水稻机插秧育秧概述

育秧是机插秧技术体系中的关键环节。与常规育秧方式相比，机插水稻育秧播种密度大、标准化要求高。机插育秧方式有软盘育秧、双膜育秧和工厂化硬盘育秧等几种。工厂化硬盘育秧一次性投资较大，运行成本较高。软盘育秧与双膜育秧是吸收了工厂化硬盘育秧的优点而创新发展起来的，投资成本低，操作简便，是目前普遍采用的机插秧育秧方式。

插秧机所使用的秧苗是以土壤为载体的标准化毯状秧苗，简称秧块。秧块的规格为长58cm、宽28cm、厚3cm。要求秧块四角垂直且方正，不缺边角，其中宽度的要求最为严格，只能在25.5~28cm范围之内。在硬盘或软盘育秧技术中，用秧盘来控制秧块的长宽规格；在双膜育秧技术中，靠起秧栽插前的切块来保证秧块的长宽规格。在铺盖床土时通过人工或机械来控制秧块的厚度。床土过薄或过厚会造成伤秧过多、取秧不匀或者漏插等问题。

插秧机使用的秧苗以中、小苗为好，要求秧龄18~22天，叶龄2~4.5叶，适宜苗高10~25cm。苗盘播种的密度要适中，一般情况下每盘播种量为：杂交水稻80~100g，常规水稻120~150g，每平方厘米成苗1.7~3.0株，秧苗空格率要小于5%，均匀整齐，苗挺叶绿，青秀无病，根系盘结，提起不散。

二、育秧准备

1. 床土准备

（1）营养土选择　选择土壤肥沃、偏酸性或中性的菜园地或耕作熟化的旱地或经秋耕、冬翻、春耕的稻田表层土作营养土。土壤中应无硬杂质、杂草，病菌少，杜绝草木灰、石灰等碱性较重的物质。麦田使用除草剂的土壤、重粘土、沙土不宜作营养土。床土用量：每亩大田需备足合格床土100kg左右。

（2）床土培肥　可以直接使用肥沃疏松的菜园地耕作层土壤作床土。对其他的适宜土壤，在取土前应对取土地块进行施肥，每亩均匀施用经高温堆制充分腐熟的人畜粪1000~2000kg，以及25%氮、磷、钾复合肥60~70kg；或者施用硫酸铵30kg、过磷酸钙40kg、氯化钾5kg等无机肥。取土地块pH值偏高的可酌情增施过磷酸钙以降低pH值。施肥后应连续用机器旋耕2~3遍，取15cm厚的表层土堆制并覆盖农膜，堆闷至床土熟化。提倡使用适合当地的旱秧壮秧剂代替无机肥，在过筛前施用，用量约为100kg床土匀拌0.5~0.8kg旱秧壮秧剂。

（3）床土加工　选择晴好天气及床土水分适宜时进行过筛。水分适宜是指床土含水率10%~15%，手捏床土成团，落地即散。过筛要求土粒径不大于0.5cm，其中0.2~0.4cm的土粒达60%以上。过筛后继续用农膜覆盖。床土的pH值应在5.5~7之间。播种前10天，pH值大于7的床土应进行调酸处理。

要选择排灌方便、光照充足、土壤肥沃、运秧方便的地块作秧板。秧田、大田的比例为1:80~1:100。

在播种前10天精做秧板，秧板宽1.4~1.5m，长度随定。秧板之间的沟宽25~30cm，深15~20cm。板面应达到"实、平、光、直"要求，即秧板沉实不陷；板面平整；板面无残茬杂物；秧板整齐、沟边垂直。秧板四周开围沟，确保排灌畅通。播种时板面应湿润、沉实。

2. 种子准备

种子准备的作业流程如下：

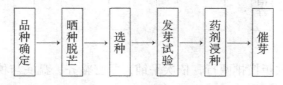

品种选择：应根据不同茬口、品种及安全齐穗期的特点，选择适合当地机械化栽插的优质、高产、稳产的大穗型品种。

种子用量：一般粳稻品种，软盘育秧每亩大田应备精选种子3~3.5kg，双膜育秧每亩大田应备足精选种子4kg，杂交稻、籼稻品种应酌情增减。

精选种子：可以采用风选、盐水选的方法选种。

盐水选种法的盐水密度为1.06~1.12g/mL。检测方法：用新鲜鸡蛋放入盐水中，浮出水面面积约为伍分硬币大小即可。盐水选种后应立即用清水淘洗种子，以清除谷壳外盐分

（影响发芽），洗后晒干备用或直接浸种。要求种子的发芽率在90%以上，发芽达85%以上。建议使用种子部门供应的精选过的种子。

浸种催芽：在播种前3～4天进行药剂浸种。可选用"使百克"或"施保克"1支（2mL），加10%"吡虫啉"10 g，兑水6～7kg，可浸5kg种子。

种子在吸足水分后进行催芽。种子吸足水分的标准为：谷壳透明，可见腹白和胚，米粒容易折断而无响声。催芽的要求是"快、齐、匀、壮"。种子高温破胸时，种堆温度以不超过38℃为宜，且内外温度一致，稻种受热均匀。破胸后即将温度降到25～30℃进行适温催芽。催芽标准为：破胸露白率达90%。催芽后置阴凉处，摊晾炼芽4～6h以备播种。

3. 其他材料准备

（1）软盘育秧　一般每亩大田需要准备软盘25张左右。如果采用流水线机械播种，需要准备足够的硬盘用于脱盘周转。

（2）双膜育秧　每亩大田要准备1.5m幅宽的地膜4m左右。地膜打孔方法：准备长1.5m、宽15cm以上、厚5cm的方木一块，将地膜整齐地卷在方木上划线冲孔。孔距一般为2cm×2cm，或2cm×3cm，孔径为0.2～0.3cm。同时应准备长约2m、宽2～3cm、厚2cm的木条4根，切刀1～2把。另外还需根据秧板面积准备适量的盖膜、稻草、芦苇秆或细竹竿等辅助材料。

三、育秧播种操作

根据水稻的品种特性、安全齐穗期及茬口确定育秧播种期。一般根据适宜移栽期，按照秧龄15～20天倒推播种期。并依照栽插进度做好分期播种，避免秧苗超秧龄移栽。

1. 软盘育秧

软盘育秧的作业流程如下：

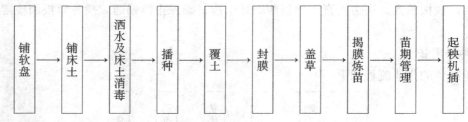

铺软盘 → 铺床土 → 洒水及床土消毒 → 播种 → 覆土 → 封膜 → 盖草 → 揭膜炼苗 → 苗期管理 → 起秧机插

育秧播种操作步骤如下：

1）铺软盘。每块秧板横排两行，依次平铺，紧密整齐，盘底与秧板面密合。

2）铺床土。铺撒准备好的床土，土层厚度为2～2.5cm，厚薄均匀，土面平整。

3）洒水及床土消毒。在播种前直接用喷壶洒水，也可在播种前一天，灌平沟水，待床土充分吸湿后迅速排水，播种时土壤含水量应达土壤饱和含水量的85%～90%。在播种前浇底水的配置：用65%敌克松与水配制成1:1000～1:1500的药液，对床土进行喷洒消毒。

4）精细播种。播种分为手工播种和机械脱盘播种两种方法。播种量按盘称重，每盘均匀播破胸露白芽谷：常规水稻0.12～0.15kg（约330mL）；杂交水稻0.08～0.1kg。手工播种时要细播、匀播、分次播，力求播种均匀。

5）匀撒盖种土。覆土厚度以盖没芽谷为宜，为 0.3 ~ 0.5cm。

6）封膜、盖草。覆土后，在床面上等距离平放芦苇秆或细竹竿作为支撑物，平盖农膜。膜面上均匀加盖稻麦秸秆，盖草厚度以基本看不见农膜为宜，不宜过厚。秧田四周开好放水缺口。膜内温度宜控制在 28 ~ 35℃。雨后应及时清除膜上的积水，以避免闷种烂芽。早春播种时气温较低，必要时可搭建拱棚，利用日光增温。

2. 双膜育秧

双膜育秧与软盘育秧原理大致相同，操作上稍有差别。双膜育秧的作业流程如下：

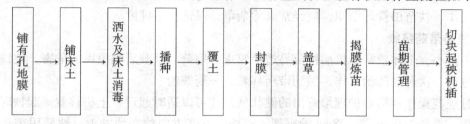

育秧播种操作步骤：

1）铺有孔地膜和床土。在秧板上平铺打孔地膜，并沿秧板两侧固定木条，然后铺放床土，并刮平，铺土厚度与秧板两侧固定的木条厚度一致，为 2cm。

2）洒水及床土消毒。操作要求与软盘育秧方式相同。

3）播种。播种方法有手工播种和田间育秧设备播种两种方法。播种量按板的面积称重，每平方米秧板均匀播芽谷 0.74 ~ 0.93kg。

4）覆土。

5）封膜、盖草。

操作要求均与软盘育秧方式相同。

四、苗期管理

"秧好半季稻，苗好产量高"。秧苗素质的好坏，对水稻生育后期的穗数、粒数和粒重有重要的影响。机械化插秧对秧苗的基本要求是"群体质量均衡、个体素质健壮"，因此，必须加强苗期管理的技术性和规范性。

1. 揭膜炼苗

齐苗后，在第一完全叶抽出 0.8 ~ 1cm 时揭膜炼苗。揭膜要求：晴天傍晚揭，阴天上午揭，小雨雨前揭，大雨雨后揭。若揭膜时最低温度低于 12℃，可适当推迟揭膜时间。

2. 水分管理

揭膜当天补一次足水，之后缺水补水，保持床土湿润。秧田集中地块可灌平沟水，零散育秧可采取早晚洒水补湿。若晴天中午出现卷叶要灌水补湿护苗；雨天则要放干秧沟的水；如遇到较强冷空气侵袭，要灌拦腰水保温护苗，回暖期换水保苗。

在秧苗移栽前 2 ~ 3 天排水，控湿炼苗，促进秧苗盘根，增加秧块拉力，便于起运与机插。

3. 追施断奶肥

应根据床土的肥力、秧龄和天气特点等具体情况给秧苗施断奶肥。一般在一叶一心期进行，每亩苗床用腐熟人畜粪400kg兑水800kg；或用尿素5kg兑水500kg在傍晚浇施或洒施。床土肥沃可免施断奶肥。

4. 适施送嫁肥

在移栽前3~4天，要根据秧苗长势施用送嫁肥。每亩苗床用尿素4~5kg兑水500kg，在傍晚洒施。秧苗叶色浓绿，叶片下披可免施送嫁肥。

5. 防治杂草及病虫害

秧田期要根据病虫害的发生情况，做好蚜虫、稻蓟马、灰飞虱、稻瘟病等常发性病虫害的防治工作。秧苗田管理期间，应经常灭除杂草，保证秧苗纯度。

6. 坚持带药移栽

由于苗小，个体较嫩，机插秧苗易遭受蚜虫、稻蓟马及栽后稻象甲的危害，建议秧苗移栽前要进行一次药剂防治工作，做到带药移栽，一药兼治。

经过规范操作和精心护理培育出的健壮秧苗才可以适时起运，上机移栽。起秧时先用薄铝片制作一个长160cm、宽28cm的框架，沿秧畦宽度方向放在秧畦上，然后用美工刀沿框架边切出宽28cm的长条。切块深度以切断底层有孔地膜为准，然后再将其切成2~3段，切块务必要平整，切成58cm×28cm的标准秧块并将其卷成筒状，堆放以3层为宜。如起秧前秧苗高度超过20cm，先用草剪将秧稍剪去，保留秧苗高度15~20cm即可。

五、耕整大田

机插水稻采用中、小苗移栽，耕整地质量的好坏直接关系到机械化插秧作业质量，要求田块平整，高低差不超过3cm，泥脚深度小于30cm，田面整洁、上细下粗、细而不糊、上烂下实、泥浆沉实、水层适中。每亩大田施用基肥碳铵25~40kg（具体依土壤肥力和品种需肥特性而定），过磷酸钙25kg，综合土壤的肥力、茬口等因素，也可结合旋耕作业施用适量有机肥和无机肥，施后立即进行耕耙作业。一般大田旋耕2~3遍，旋耕深度10~15cm，整地后保持水层2~3天，进行适度沉实，达到泥水分清。不宜现整现插，一般沙质性田沉实1天，粘性土质田应沉实2~3天（深烂田及前茬蔬菜田要掌握沉实规律），进行病虫草害的防治后，即可薄水（水深1~3cm）机插。

机插秧用秧苗为中、小苗，对大田的耕整质量和基肥施用等要求相对较高。

整地质量的好坏，直接关系到插秧机的作业质量。因此，机插秧大田精细耕整非常重要。要根据茬口、土壤性状采用相应的耕整方式，耕整时不宜用深耕机械作业，以防耕作层过深影响机插效果。一般来讲，机械化插秧的作业深度不宜超过30cm。同时，要根据土壤的肥力、茬口等因素，结合旋耕作业施用适量的有机肥和速效化学肥料。建议氮肥的施用量以稻田总施用氮量的20%左右为宜；在缺磷钾的土壤中应适量增施磷钾肥料。

耕整后，大田的基本要求是：田面平整，田块内高低落差不大于3cm，确保栽秧后"寸水"棵棵到；移栽前需泥浆沉淀，沙质土沉实1天左右，壤土沉实2天左右，粘土沉实3天左右，达到泥水分清，沉淀不板结，水清不浑浊。

机插秧的移栽期不应迟于所选用品种在当地的人工移栽期。在茬口、气候等条件许可的前提下应尽可能提前移栽，切不可超秧龄移栽。因此，要适时耕整好待插大田，"宁可田等秧，不可秧等田"。

软盘育秧的秧苗在起秧时，要先慢慢拉断穿过盘底渗水孔的少量根系，连盘带秧一并提起，再平放，然后小心卷苗脱盘。

双膜育秧的起秧方法与软盘育秧不同，起秧前要将整板秧苗用刀切成长58cm，宽25.5~28cm的秧块，切块深度以切破底层有孔地膜为宜，然后起板内卷秧块。

秧苗运至田头时应随即卸下平放，使秧苗自然舒展。做到随起、随运、随插，要采取遮荫措施避免烈日晒伤苗，防止秧苗失水枯萎。

六、机插水稻大田管理

机插秧秧苗与人工手栽秧苗的最大区别是：秧苗弱小、秧龄短、可塑性强。因此要在大田管理上，根据机插水稻的生长规律，采取相应的肥水管理措施，发挥机插优势，稳定低节位分蘖，促进群体协调生长，提高分蘖成穗率，争取足穗、大穗，实现机插水稻的高产、稳产。

机插水稻的大田管理，可分为以下三个主要时期：

1. 返青分蘖期的管理

返青分蘖期是从移栽后到分蘖高峰前后的一段时间。这个时期的秧苗主要是长根、长叶和分蘖。栽培目标是创造有利于早返青、早分蘖的环境条件，培育足够的壮株、大蘖，为争取足穗、大穗奠定基础。

（1）机插后的水浆管理　薄水移栽，栽后及时灌浅水护苗，水层宜为0.5~1.5cm，栽后2~7天间歇灌溉，适当晾田，扎根立苗。切忌长时间深水，造成根系、秧心缺氧，形成水僵苗甚至烂秧。

返青后应浅水勤灌，水层以3cm为宜，待自然落干后再上水。如此反复，促使分蘖早生快发，植株健壮，根系发达。

（2）施用分蘖肥及除草管理　分蘖期是增加穗数的主要时期。在施好基肥的基础上，分次施用分蘖肥，有利于攻大穗、争足穗。如果大田肥力水平高，则适当减少用肥数量，以免造成苗数过多，而成穗率低、穗型变小。

一般在栽插后7~8天，施一次返青分蘖肥，每亩大田施用尿素5~7kg并使用小苗除草剂进行除草。但对栽前已进行药剂封杀处理的田块，不可再用除草剂，以防连续使用而产生药害。栽插后10~15天施尿素7~9kg，以满足机插水稻早分蘖的需要；栽插后16~18天视苗情再施一次平衡肥，一般每亩施尿素3~4kg或45%氮、磷、钾复合肥9~12kg。

分蘖期应以氮肥为主，具体用量应按基肥水平而定，一般控制在秧苗有效分蘖叶龄期以后，秧苗能及时退色为宜。

2. 拔节长穗期的管理

拔节长穗期是指从分蘖高峰前后，开始拔节至抽穗前这段时间。这是壮秆大穗的关键时期，要做好以下几项工作：

（1）勤断水轻搁田　搁田又称烤田，是指通过水浆控制，对水稻群体发展和个体发育实行控制和调节的一种手段。机插秧秧苗的苗体小，初生分蘖比例大，对土壤水分敏感，应在有效临界叶龄期及时露田，遵循"苗到不等时，时到不等苗"的原则，强调轻搁、勤搁，高峰苗数控制在成穗数的 1.3 ~ 1.5 倍。每次断水应尽量使土壤不起裂缝，切忌一次重搁，造成有效分蘗死亡。断水的次数，因品种而定，变动在 3 ~ 4 次之间，一直要延续到倒 3 叶前后。

（2）灵活施用穗肥　穗肥一般分促花肥和保花肥两次施用。促花肥在穗分化始期施用，即叶龄余数 3.2 ~ 3.0 叶左右施用。具体施用时间和用量要视苗情而定。一般亩施尿素 8 ~ 12kg。

保花肥在出穗前 18 ~ 20 天施用，即叶龄余数 1.5 ~ 1.2 叶时施用，用量一般为每亩施尿素 5 ~ 5.5kg。对叶色浅、群体生长量小的秧苗可多施，但每亩不宜超过 10kg；相反，则少施或不施。

3. 开花结实期的管理

开花结实期是决定饱粒数的关键时期。这一时期的技术关键和目标是养根保叶，防止早衰，促进籽粒灌浆，达到以根养叶、以叶饱粒的目的。

在水浆管理上，从出穗开始后的 20 ~ 25 天，秧苗需水量较大，应以保持浅水层为主。即灌一次水后，自然耗干至脚印塘尚有水时再补上浅水层。在秧苗出穗 25 天以后，根系逐渐衰老，秧苗对土壤的适应能力减弱，此时宜采用间歇灌溉法。即灌一次浅水后，自然落干 2 ~ 4 天再上水，且落干期应逐渐加长，灌水量逐渐减少，直至成熟。

七、水稻钵体育秧技术

水稻钵体育秧的秧苗一般采用抛秧或摆栽的方法移植到水田中，需要使用专门的抛秧机或摆栽机，而传统的插秧机适用于盘式秧苗。这里介绍一种新插秧技术，就是用传统的水稻插秧机插栽钵体育秧的水稻秧苗，这种技术不但保留了钵体育秧秧苗栽植的优点，还增加了水稻插秧机的优势。可以说水稻钵体育秧秧苗机插技术开创了水稻插秧生产的新局面。

1. 水稻钵体育秧苗机插技术的特点

（1）钵体育秧秧苗插秧机与盘式秧苗插秧机比较

1）由于钵体育秧秧苗各钵秧苗间具有一定的间隙，插秧机的秧针尺寸可以比传统插秧机秧针尺寸做得稍大一些，以减少由于秧针过细对秧苗造成的伤害。

2）钵体育秧秧苗插秧机的移距应与育秧钵盘中钵体间距相适应。

（2）机插秧钵体育秧苗与传统钵体育秧苗比较　传统的钵体育秧苗，钵体彼此分离，完全独立。机插秧钵体育秧苗，钵苗下部分离，彼此独立，钵苗上部一小层相连，秧苗既具有传统机插秧钵体育秧苗的特点，又具有盘式秧苗的特点。

2. 水稻机插秧钵体育苗机插技术的效果

（1）缩短缓苗期　插秧后秧苗缓苗期短，可以有效增加 5 ~ 7 天的生长期，实现增产增收。钵体育苗机插的秧苗缓苗期为 1 天左右，苗壮、生根快、根系发达、分蘗早、有效分蘗率高。而人工或其他插秧机插的秧苗缓苗期要 1 周左右，苗小、根系稀疏、分蘗少。经测算，同一品种的水稻在同等条件下种植，用水稻钵苗插秧机的可增产 30% 以上，能有效提高粮食产量。

（2）钵体育秧苗经机插后伤秧率低 插秧机插普通盘式秧苗，最大的问题就是伤秧率高。所谓伤秧是指秧苗茎秆基部有折伤、刺伤和切断现象。由于传统的插秧机插盘式秧苗时，秧针是以一定的频率在秧盘内按顺序抓取秧苗，所以极易造成秧针对秧苗茎秆或基部的刺伤。经过对一些产品的测试发现有些插秧机伤秧率可在30%以上。而水稻钵体育秧苗的机插，则解决了秧苗机插伤秧率高的问题。水稻秧苗经钵育后，钵与钵之间有一定的间隙，而且两钵之间距离固定，插秧机秧针取秧时基本上不伤及秧苗的茎秆及基部，伤秧率很小。

（3）钵体育秧苗经机插后均匀度合格率高 均匀度合格率是指秧苗经插秧后秧苗株数合格的穴数占总插秧穴数的百分比。秧苗株数合格穴是指根据当地农艺要求，每穴秧苗株数符合一定范围的穴，如当地农艺要求规定的每穴株数是3，则每穴秧苗合格株数为2～5株。

1）盘式秧苗。由于秧苗是在一定尺寸空间内密植，而且大多数为非均匀密植，秧苗密度不均匀，再加上插秧机秧针取秧位置的秧苗根系生长情况不一，土层厚度及土壤坚实度程度不一致，所以秧针每次取秧数量不同造成插秧机插秧后均匀度合格率低。

2）钵体育秧苗。由于钵体尺寸固定，各钵间距离相同，在育秧时每钵内水稻种子数量可控，所以育出的秧苗密度基本一致。又由于插秧时，秧针是按钵取秧，秧苗经机插后均匀度很高。

（4）钵体育秧苗经机插后伤根率低 盘育秧苗根系在育苗土中彼此交错生长，插秧机秧针取秧时需用力撕扯才能断掉相互盘结的根系，所以伤根情况严重。而钵体育秧苗仅上部一小层相连，秧针取秧后秧苗伤根现象很少。

▶▶▶ 技能训练

水稻工厂化育秧技术是以精量半精量播种技术为基础，利用机械化生产线播种，采用温室或大田集中培育的一种大规模育秧方式，是一项新兴的农业节本增效技术。此技术单位成本降低20%以上，成秧率达90%以上，具有科技含量高、生产规模大、育秧成本低、质量好、节种省工等优点，深受农民欢迎。

目前采用水稻育秧盘播种流水线，能适应所有水稻品种的育秧播种。播种精度高，空穴率小，均匀度达到90%以上，上底土、播种、覆土、喷水一次完成，班产量5000～6000盘，机械化插秧每亩秧田需25盘左右的标准秧苗，机器单价2万元左右。针对工厂化育秧目前还配套生产了自动上盘机、自动收盘机、碎土机、上土机、脱芒机、脱水机、动力输送线，极大地减少了用工，可以满足工厂化育秧一切需要。参观播种流程，学会育秧基本操作。

▶▶▶ 知识拓展

随着机械化插秧面积的增大，工厂化育秧和冷棚育秧的规模也越来越大，育秧用的营养土取用的问题也成为一个日益突出的矛盾摆在育秧户和农机专业合作社面前。由于水稻育秧需取用客土，在以水稻生产为主的地区不仅取土量大，而且已经面临无土可取的地步。有的育秧户已经到外地去购土，既增加经济支出又浪费了时间，还因无法了解所取用的育秧土中有无药害，而造成不必要经济损失，耽误农时，造成粮食减产，影响水稻的机械化插秧，所以推广水稻基质育秧技术已成为加速推广水稻生产机械化技术的一个关键点。所谓水稻育秧基质就是利用秸秆、稻糠、动物粪便等再生性资源，经过多重生化处理，根据水稻生长的营养生理特性和壮秧机理，再添加粘结剂、保水剂和缓施肥料，经人工合成营养水稻育秧专用基质。

采用水稻育秧基质的优点是：一是苗期无立枯、青枯等病害发生，种苗素质好，抗逆性好，可相对缩短秧苗期2~3天；二是插秧后缓苗期短，发根力强，早期发苗快，有利于地块内的化学除草害；三是与插秧机技术兼容性强，因用育秧基质的每个育秧盘比用营养土的轻1/3~1/2，插秧速度快，比传统育秧的插秧速度要高10%左右；四是技术简单、成本低，采用基质育秧较常规育秧的每亩种植成本要低8~15元，而且又提高了育秧的安全性，降低了育秧过程的风险系数，还解决了秸秆焚烧的问题，不仅有利环保，还可增加农民收入。

项目二　手扶式插秧机构造与维修

【项目描述】

行走部是手扶式插秧机重要的组成部分，它的主要功能是完成作业机械行走及改变运动速度。重点是掌握动力传递路线，了解行走部、插植部、液压系统基本结构，能对行走部常见故障进行检测与排除。

【项目目标】

1. 了解手扶式插秧机行走部、插植部、液压系统的结构及原理。
2. 学会分析手扶式插秧机动力传递路线。
3. 掌握各手柄操作要点。
4. 能对手扶式插秧机各部位出现的问题进行诊断并及时采取措施。

任务一　手扶式插秧机行走部拆装与维修

▶▶ 任务要求

☞ 知识点：

1. 手扶式插秧机的组成、动力传递路线、变速箱原理。
2. 行走部各部分组件的分离与组装要点。

☞ 技能点：

1. 能够分析手扶式插秧机动力传递路线。
2. 掌握手扶式插秧机变速箱及各部分组件的分离与组装。

▶▶ 任务分析

一台 2009 年生产的久保田 SPW-48C 插秧机，当变速手柄切换至"栽插""路上行走"或"后退"位置时，有时候会出现变速手柄难以切换到规定位置的情况，导致机器不能前进或后退。

▶▶ 相关知识

手扶式插秧机设计结构简单、轻巧，操作灵活，使用安全可靠。常见多为步行式四行水稻插秧机，品牌很多，但结构基本相似，主要由发动机、传动系统、机架及行走系统、液压仿形及插深控制系统、插植系统、操作系统等组成。双轮驱动步行式插秧机，人在机后步行操作，其主要操作系统（即各操作手柄）都在机器后部，通过钢丝与各控制部分相连，便于操作、控制机器。插植系统（插秧箱与插植臂等）也在机器后部，以便查看并添加秧苗。插秧机的发动机在机器的前部，使机器前后平衡。手扶式插秧机总体上由发动机、传动箱、送秧插植部与控制部、行走与支撑部四大块组成，各部分名称及功能如图 2-1 和图 2-2 所示。下面以久保田 SPW-48C 为例，介绍手扶式插秧机的主要工作原理、各部分结构及拆装。

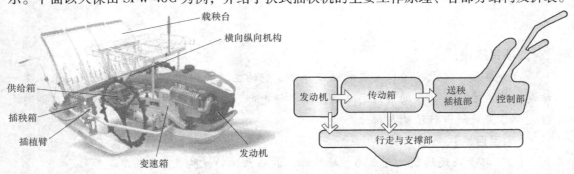

图 2-1　手扶式插秧机各部分名称　　　　　图 2-2　手扶式插秧机各部分功能

一、工作原理

插秧机采用对秧块（58cm×28cm×3cm）进行均匀分割的原理来完成分秧、送秧、插秧，实现定量苗插秧的目的。由于秧针是对秧毯等面积分割（不是针对秧苗），所以，只要秧毯上的秧苗分布均匀，秧针切下的定量面积土块上的秧苗（每穴秧苗的数量）就是均匀的。为了保证不同地区的农艺要求，该机设计了 30 种不同规格的秧块面积供选用，以保证合理的穴株数。只要合理调整纵向、横向取苗量，就能够得到合适的穴株数。

插秧机工作时，秧针插入秧毯后抓取定量秧块并下移，当移至设定的插秧深度时，推秧器将秧苗从秧针上推出，插入大田，完成一个插秧过程，同时插秧机在大田行走一个穴距。插植臂的旋转速度（插植速度）与整机的行走速度合理匹配后，就产生了适应当地农艺要求的、不同的穴距（至少 3 种穴距）。

为了保证不同地区的农艺要求，久保田 SPW-48C 型手扶式插秧机设计了 24 种插秧深度供选用，以保证合理的插秧深度。只要合理调整插深调节手柄（4 个位置）、浮舟后端的连接孔（6 组），就能够适应当地的农艺要求。插秧机工作时浮板上下动作，驱动液压仿形系统，控制秧针与田面的相对高度，从而得到一致、合理的插秧深度。

简单地说，手扶式插秧机的工作原理是：通过改变秧块的面积来控制穴株数；通过调节插植速度与整机行走速度来达到农艺规定的穴距要求；通过调整并借助液压仿形机构来得到合理、一致的插秧深度。

传动部分包括变速箱、插秧传动箱等。由发动机输出的动力通过变速箱等传递到液压装置、行走和插秧机构，使插秧机工作。其动力传递路线见附录 A。

二、变速部分

变速部分的主要部件是变速箱。变速箱的功用是：在发动机转矩和转速不变的情况下，通过变换档位，改变插秧机驱动力矩、行驶速度和方向，以及在发动机着火时长时间停车。

变速箱主要由壳体、动力输入轴、主离合器轴（1号轴）、行走变速齿轮轴（2号轴）、行走动力输出轴、后退轴、株距调节变速齿轮轴、左右转向离合拨叉、株距调节手柄等组成。

行走部的动力传递路线是：动力从发动机主动带轮出来由传动带至传动箱带轮，经传动箱内部主离合器轴上的行走（主）变速齿轮至换档轴上的从动换档齿轮，再由换档轴传递到左右两端行走输出轴，最后由传动连杆将动力传递给车轮。

1. 主离合器

主离合器用来向车轮和插植部同时传递或切断来自发动机的动力，通过主离合器手柄进行操作。

主离合器工作状态如图2-3所示，来自发动机的动力被传递到40T齿轮。40T齿轮相对于1号轴（带19T齿轮）进行自由旋转，不与其啮合。同时，27T带爪齿轮为花键式，与1号轴（带19T齿轮）相啮合。因此，当40T齿轮的爪孔与27T带爪齿轮的爪部分离时，1号轴（带19T齿轮）不旋转；而当爪孔与爪部啮合时，发动机的动力被传递到1号轴（带19T齿轮）。

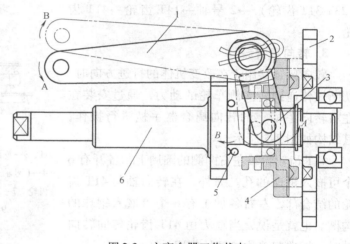

图2-3　主离合器工作状态
A—主离合器合时　B—主离合器离时
1—主离合器臂　2—40T齿轮　3—换档叉　4—27T带爪齿轮
5—压缩弹簧　6—1号轴（带19T齿轮）

当主离合器手柄位于合时，主离合器臂以及换档叉向A方向转动，27T带爪齿轮被压缩弹簧压向右方，与40T齿轮的爪孔啮合。

当主离合器手柄位于离时，主离合器臂以及换档叉向B方向转动，同时27T带爪齿轮向左滑动，27T带爪齿轮的凸起部与40T齿轮分离，动力被切断。

2. 主变速

主变速工作原理如图2-4所示。主变速手柄有中立、栽插、移动、后退4个位置，操作主变速手柄后，2号轴的联动23T-31T齿轮则进行相应移动。

主变速的动力传递方式如下所述：

（1）中立（N）　输入轴→15T齿轮→40T齿轮——爪啮合——→27T带爪齿轮→1号轴。

（2）栽插（1速：F1，0.77m/s，发动机转速为3000r/min）　输入轴→15T 齿轮→40T 齿轮$\xrightarrow{\text{爪啮合}}$27T 带爪齿轮→19T［1 号轴（带 19T 齿轮）］→31T（23T-31T 齿轮）→2 号轴→14T 齿轮→41T 齿轮。

（3）移动（2速：F2，1.48m/s，发动机转速为 3000r/min）　输入轴→15T 齿轮→40T 齿轮$\xrightarrow{\text{爪啮合}}$27T 带爪齿轮 19T［1 号轴（带 19T 齿轮）］→23T（23T-31T 齿轮）→2 号轴→14T 齿轮→41T 齿轮。

（4）后退（R：0.46m/s，发动机转速为 3000r/min）　输入轴→15T 齿轮→40T 齿轮$\xrightarrow{\text{爪啮合}}$27T 带爪齿轮→1 号轴→株距 15T 齿轮→株距 15T 齿轮→后退轴→10T 齿轮→31T（23T-31T 齿轮）→2 号轴→14T 齿轮→41T 齿轮。

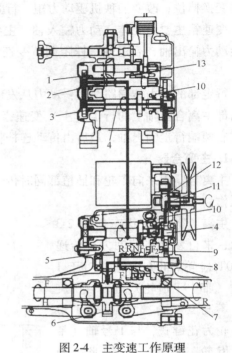

图 2-4　主变速工作原理

1、3—株距 15T 齿轮　2—后退轴（带 10T 齿轮）
4—1 号轴（带 19T 齿轮）　5—14T 齿轮　6—41T 齿轮　7—23T-31T 齿轮　8—2 号轴（带 14T 齿轮）
9—40T 齿轮　10—27T 带爪齿轮
11—输入轴（带 15T 齿轮）
12—15T 齿轮　13—10T 齿轮

3. 转向离合器

转向离合器用于在改变机体的行进方向时，切断被传递到转向侧车轮的动力，通过安装在左右转向手柄上的转向离合器手柄进行操作，其结构如图 2-5 所示。

41T 齿轮轮毂左右两侧的圆周上，各开有 6 个可嵌入钢珠的孔。另外，在转向轴与 41T 齿轮的结合部，左右各加工有 6 个可嵌入钢珠的沟槽。也就是说，当动力由 41T 齿轮传向转向轴时，钢珠起着连接键的作用。

没有握住转向离合器手柄时，转向离合器臂及转向离合器叉将不动作。因此，换档杆为自由状态，在压缩弹簧的作用下，被移动到轴承一侧。此时，换档杆的钢珠顶压部到达钢珠的位置，41T 齿轮与转向轴结合。

握住转向离合器手柄时，转向离合器臂被拉起，转向离合器叉压紧压缩弹簧，将换档杆推向 41T 齿轮一侧。此时，换档杆的钢珠嵌入部到达钢珠的位置。因此，当 41T 齿轮向转向轴传递动力时，由于钢珠脱离钢珠嵌入部，因此动力被切断。

4. 株距调节

株距调节原理如图 2-6 所示，其动力传递方式如下所述：

1 号轴→株距齿轮 15T（14T 或 12T）→后退轴→10T 齿轮→12T-14T 齿轮（通过把手进行切换和改变齿轮啮合）→插秧轴→14T 锥齿轮→16T 锥齿轮轴→栽插部 A。

进行株距调节时，相对于插秧机的行进距离而改变插秧次数，也就是改变在行进方向栽插的秧苗之间的距离。

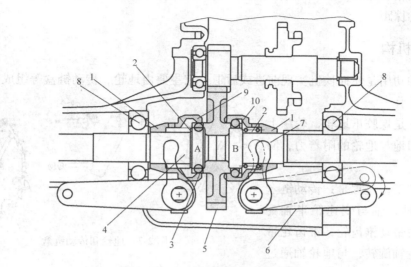

图2-5 转向离合器工作状态

A—"合"的状态 B—"离"的状态

1—换档杆 2—压缩弹簧 3—钢珠 4—转向轴 5—41T 齿轮

6—转向离合器臂 7—转向离合器叉 8—轴承

9—钢珠顶压部 10—钢珠嵌入部

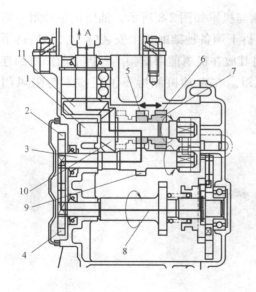

株数	株距调节把手的位置	更换齿轮的位置
90株/坪 (株距12cm)	推 沟槽	15T 15T
80株/坪 (株距14cm)	拉 沟槽	15T 15T
80株/坪 (株距14cm)	推 沟槽	14T 16T
70株/坪 (株距16cm)	拉 沟槽	14T 16T
60株/坪 (株距18cm)	推 沟槽	12T 18T
50株/坪 (株距21cm)	拉 沟槽	12T 18T

注：1坪=3.3m²。

图2-6 株距调节原理

1—插秧轴 2—株距齿轮(15T、14T 或 12T) 3—后退轴 4—株距齿轮

(15T、16T 或 18T) 5—12T 齿轮 6—14T 齿轮 7—12T-14T 齿轮

8—1 号轴 9—10T 齿轮 10—14T 锥齿轮 11—16T 锥齿轮轴

推、拉变速箱右侧的株距调节把手，可以得到 2 种株距。另外，通过更换株距齿轮，总共可以得到 5 种株距。

三、行走机构

行走机构的功用是使插秧机实现前进或后退。它主要由地轮、传动链盒等组成，其装配关系如图 2-7 所示。

地轮使用的是橡胶爪地轮，轮缘上的叶片可增大田地与地轮的附着力，防止轮子滑转。

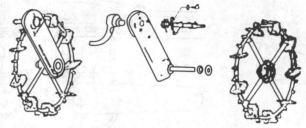

行走机构的工作过程是：传动链盒的主动链轮通过方轴与变速箱半轴配合，半轴旋转时带动锥齿轮，锥齿轮带动传动轴和地轮轴旋转，与地轮轴通过地轮销连接的地轮也旋转，使插秧机行走。

图 2-7　地轮和传动链盒

》》任务实施

四、行走部组件的分离及各部分的分解与组装

1. 变速箱与摆动箱组件的分离

（1）分离预备秧架、机罩及拉索　预备秧架与机罩如图 2-8 所示。油门拉索和阻风门拉索如图 2-9 所示。将起动盘拉索从导引部拆下；拆下预备秧架的 4 个安装螺栓，然后拆下预备秧架。松开机罩固定手柄，抬起机罩前部，将其放在机罩前部支架上；拆下前照灯的连接器；拆下卡销，拔出机罩转动支点销，拆下机罩。在发动机侧拆下油门拉索与阻风门拉索。

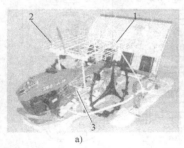
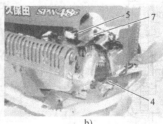

图 2-8　预备秧架与机罩

a）手扶式插秧机预备秧架　b）机罩　c）转动支点销

1—起动盘拉索从导引部拆下　2—预备秧架　3—螺栓　4—机罩固定手柄　5—连接器

6—转动支点销　7—机罩前部支架

（2）V带的拆卸与组装　V带的拆卸与组装如图2-10所示。

1）拆下线束的线夹，然后拆下3处卡接端子及地线的螺栓，再拆下地线。拆下带轮盖。松开发动机前后共4个发动机安装螺母。松开2个燃料箱安装螺栓，将发动机整体向后移动。拆下V带。

2）组装V带时，必须使发动机侧带轮的中心线与变速箱侧带轮的中心线之间的误差控制在±2.0mm以内。带的张紧度（弯曲量）处于标准值范围内，施加约40.0N的推压力时，V带的弯曲量为10.0～12.0mm。

（3）分离发动机　拆下发动机安装螺母，将发动机从机架上分离。

图2-9　油门拉索和阻风门拉索
1—阻风门拉索　2—油门拉索　3—螺栓

（4）分离中央浮舟　中央浮舟如图2-11所示。拆下卡销，然后拆下中央浮舟前部的支点销；拆下卡销，然后拆下传感器臂；拆下卡销，然后拆下中央浮舟后部的支点销，再拆下中央浮舟。

图2-10　V带的拆卸与组装
1—卡接端子　2—带罩　3—螺母　4—V带　5—螺栓

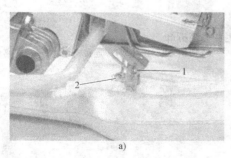
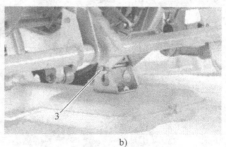

a)　　　　　　　　　　　　　　　b)

图2-11　中央浮舟
a）中央浮舟前端　b）中央浮舟后端
1、3—支点销　2—传感器臂

（5）变速箱润滑油的排放　拆下排油螺栓，排出变速箱润滑油，如图2-12所示。加油时，使机体处于水平位置，然后加入规定量的指定润滑油。

（6）分离与组装变速箱

1）分离右侧变速箱时，取出安装变速箱下部的垫块。拆下右侧滑动板保护件。拆下液压管1、2的两个接头螺栓。将带安装到带轮上，用手拉紧带以固定带轮，拆下螺栓，然后拆下带轮。拆下连接液压缸支架和连接支架的连接销。拆下连接摆动箱和连接支架的连杆，然后拆下连接支架。在变速箱侧拆下右侧转向离合器拉索，如图2-13所示。

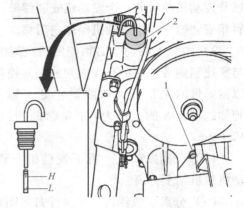

图2-12　变速箱润滑油的排放
1—排油螺栓　2—加油塞
H—润滑油上限位置　*L*—润滑油下限位置

组装时，带轮的侧面标有"制造编号"，须将该"制造编号"朝向外侧进行组装。须在带轮安装轴的花键上涂抹润滑脂。须在带轮的安装螺栓上涂抹螺纹密封胶后进行组装。正确进行组装，以免弄错变速箱侧的配管。组装液压管1、2时，应使液压管与机架之间的空隙保持在5mm以上。

2）分离左侧变速箱时，拆下左侧滑动板保护件。拆下连接液压缸支架和连接支架的连接销。拆下连接摆动箱和连接支架的连杆，然后拆下连接支架。在变速箱侧拆下左侧转向离合器拉索，如图2-14所示。

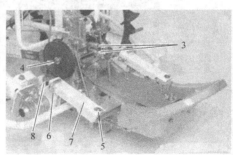

图2-13　右侧变速箱拆卸
1—垫块　2—右侧滑动板保护件　3—接头螺栓　4—带轮　5—连接销　6—连杆　7—连接支架　8—转向离合器拉索

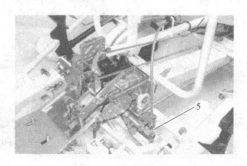

图2-14　左侧变速箱拆卸
1—左侧滑动板保护件　2—连接支架　3—连接销　4—连杆　5—转向离合器拉索

（7）分离发动机架、配重组件　发动机架及配重如图2-15所示。拆下4个配重安装螺栓，然后拆下配重。拆下4个发动机架安装螺栓，然后拆下发动机架。组装时，须在螺栓上涂抹螺纹密封胶后进行组装。

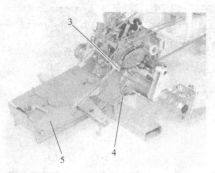

图2-15　发动机架及配重
1—配重安装螺栓　2—配重　3、4—发动机架安装螺栓　5—发动机架

（8）分离升降液压缸　如图2-16所示，拆下液压管1、2的两个接头螺栓，然后拆下液压管1、2；拆下4个液压缸安装螺栓；将车轮调节臂与液压缸的连接销朝A向拔出。组装液压管1、2时，使液压管与机架之间的空隙保持在5mm以上。

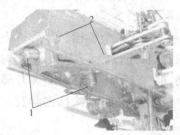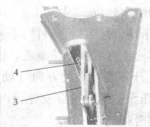

图2-16　升降液压缸机架
1—接头螺栓　2—螺栓　3—车轮调节臂　4—连接销　A—拔出方向

（9）分离液压缸类部件　液压缸分离后如图2-17所示。

（10）分离摆动箱　摆动箱如图2-18所示。在插植部的传动架上安装垫块。拆下车轮。拆下2个螺栓，然后拆下扭力盘。拆下盖子，然后拆下螺母（将螺钉旋具等插入车轮安装用轴孔中将其锁定，然后拆下螺母）；拔出摆动箱，然后拆下O形圈。

组装时，须在O形圈和齿轮箱上涂抹润滑脂。组装摆动箱时，须在锥齿轮的齿面涂抹润滑脂。须调整摆动箱的锥齿轮。须在扭力盘安装螺栓上涂抹螺纹密封胶。

（11）分离变速箱箱体　变速箱如图2-19所示。先安装箱架下部的垫块，拆下主离合器杆、液压杆和主变速杆。

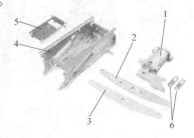

图2-17　分离液压缸
1—液压缸　2—车轮调节臂1
3—车轮调节臂2　4—发动机架
5—发动机固定金属件　6—防摇牵条

拆下变速箱安装螺栓、螺母，然后将变速箱从箱架上分离。

组装时，须对主离合器杆、主变速杆和液压杆进行调整。

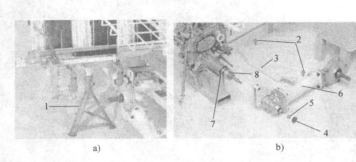

a)　　　　　　　　　　　　b)

图 2-18　摆动箱

a）摆动箱支架　b）摆动箱拆卸

1—垫块（自制件）　2—螺栓　3—扭力盘　4—盖子
5—螺母　6—摆动箱　7—O 形圈　8—锥齿轮

图 2-19　变速箱

1—垫块　2—主离合器杆　3—液压杆
4—主变速杆　5—变速箱安装螺栓、螺母

2. 变速箱的分解与组装

（1）分离及组装臂杆及升降阀　臂杆及升降阀如图 2-20 所示。

1）分离臂杆时，拆下卡销，然后整体拆下传感器臂、手动臂及传感器杆，拆下主离合器臂。组装臂杆时，将各臂正确组装到位。

2）分离升降阀时，拆下外卡环，然后拆下升降阀臂。拆下 3 个螺栓，然后拆下升降阀组件与液压泵组件。拆下 2 个螺栓，然后拆下株距盖。拔出株距齿轮。组装升降阀时，将升降阀臂安装到升降旋转阀上时，升降旋转阀的方向（朝向）对动作没有影响（升降旋转阀为左右对称）。组装升降阀与液压泵的螺栓贯穿变速箱内部，安装时须涂抹密封胶。安装株距齿轮时，须在齿轮齿面涂抹润滑脂（10～20g）。

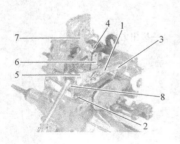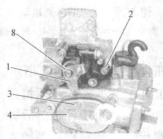

图 2-20　臂杆及升降阀

1、2、3、4—卡销　5—传感器臂　6—手动臂　7—主离合器臂　8—传感器杆

（2）变速箱的分解　拆下箱盖安装螺栓，然后拆下箱盖。3 个止推轴环分别安装在后退轴、插秧轴和 2 号轴上，行走轴止推轴环安装在输入轴上，如图 2-21 所示。组装变速箱时，须涂抹密封胶。

（3）分离输入轴、1号轴、2号轴及后退轴　拆下箱盖侧的输入轴，拆下箱盖侧的40T齿轮，从箱体侧拆下1号轴组件，用手按压27T带爪齿轮，压紧压缩弹簧，然后拆下外卡环，再拆下27T带爪齿轮和压缩弹簧。从箱体侧拆下2号轴组件，再从箱体侧拆下后退轴。

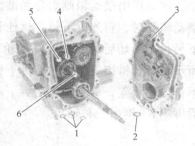

图2-21　变速箱
1—止推轴环　2—行走轴止推轴环
3—输入轴　4—后退轴
5—插秧轴　6—2号轴

组装时切勿忘记安装轴环、止推轴环及输入轴上的行走轴止推轴环。23T-31T齿轮须将23T齿轮面向40T齿轮侧组装。卡销的头部组装在靠近株距齿轮侧。

（4）分离转向轴、插秧轴、16T锥齿轮轴　从箱体侧拆下插秧轴组件。拆下外卡环，然后拆下12T-14T齿轮。从箱体侧拆下转向轴组件。分离转向轴与41T齿轮时，将球轴承向外侧（摆动箱侧）错开1～3cm（错开钢珠可以弹出的宽度即可），然后用手将换档杆压向球轴承侧，如果钢珠（单侧6个）可以全部取出，则转向轴与41T齿轮可以分离，拆下油封，拆下内卡环与外卡环，将16T锥齿轮轴移到传动轴侧，与轴承一并拆下。

组装时切勿忘记安装插秧轴的止推轴环。组装12T-14T联动齿轮时，将12T齿轮朝向14T锥齿轮侧进行组装。组装钢珠时，如果涂抹少量的润滑脂，则便于组装换档杆。

（5）齿隙的测量

1）摆动箱侧的测量如图2-22a所示。在11T锥齿轮和13T锥齿轮之间夹入焊锡，以力矩39.0～49.0N·m来紧固螺母，转动锥齿轮，拆下螺母和摆动箱，取出被碾轧的焊锡丝。测量焊锡丝最薄部分的厚度。当测量厚度在标准值以外时（11T锥齿轮和13T锥齿轮之间、8T锥齿轮和40T锥齿轮之间的齿隙的标准值为0.1～0.3mm），通过13T锥齿轮与球轴承之间的垫片（0.1mm）进行调节。

a)　　　　　　　　　　　b)

图2-22　齿隙的测量
a）摆动箱侧的测量　b）锥齿轮箱侧的测量
1—11T锥齿轮　2—13T锥齿轮　3、6—焊锡丝　4—螺母　5—摆动箱
7—40T锥齿轮　8—8T锥齿轮　9—车轴　10—锥齿轮箱

2）锥齿轮箱侧的测量如图2-22b所示。在40T锥齿轮和8T锥齿轮之间夹入焊锡，以力矩47.0～51.0N·m来紧固齿轮箱，转动车轴，拆下齿轮箱，取出焊锡丝。测量焊锡丝最薄部分的厚度。当测量厚度在标准值以外时，通过8T锥齿轮与球轴承之间的垫片（0.2mm）

进行调节。

3. 摆动箱的分解与组装

摆动箱由摆动箱侧组合和锥齿轮箱侧组合以及中间传动轴组成，如图2-23a所示。分解摆动箱侧时，首先拆下铰孔螺栓和螺栓，将连接管与摆动箱分离。拆下卡环后拆下轴承，拆下另一个卡环后拆下13T锥齿轮和轴承，如图2-23b所示。分解及组装锥齿轮箱如图2-24所示。分解锥齿轮箱侧时，拆下铰孔螺栓和螺栓，将连接管和锥齿轮箱分离，拆下螺栓后拆下锥齿轮箱盖，拆下轴承后拆下40T锥齿轮，拆下卡环后拆下车轴和轴承，拆下另一个卡环后拆下8T锥齿轮和轴承。

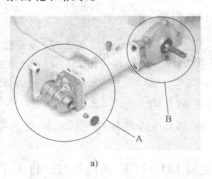
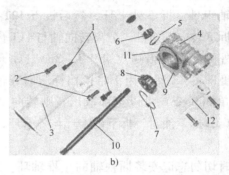

图2-23　摆动箱及摆动箱侧分解

a）摆动箱　b）摆动箱侧分解

A—摆动箱侧　B—锥齿轮箱侧

1、9—铰孔螺栓　2—螺栓　3—连接管　4—箱（摆动支点）　5、7—卡环　6—轴承

8—13T锥齿轮和轴承　10—传动轴　11—O形圈　12—摆动臂

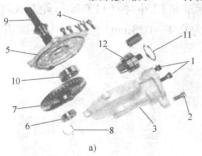
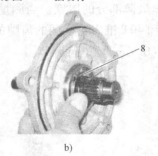

图2-24　分解及组装锥齿轮箱

a）锥齿轮分解　b）锥齿轮组装

1—铰孔螺栓　2、4—螺栓　3—锥齿轮箱　5—外盖　6、10—轴承

7—40T锥齿轮　8、11—卡环　9—车轴　12—8T锥齿轮和轴承

技能训练

五、插秧机行走部的检查与调整

1. 主离合器

将主离合器手柄置于"离"的位置，紧固调节螺母使之顶到板。用调节螺母进行调节，

以使主离合器臂的动作量在标准值范围内（13.0～14.0mm）；确认主离合器手柄有游隙，且主离合器可进行"合""离"切换。

2. 转向离合器

将转向离合器手柄置于"合"的位置，测量其游隙 A（0.1～2.0mm）。测量值在标准值以外时，用转向离合器拉索的螺钉扣部进行调节。用转向离合器手柄进行"合""离"切换，测量转向离合器手柄的行程 B。

测量方法为：主离合器手柄在"合"的位置时，将主变速手柄置于"栽插"或"后退"的位置，用手使机体前后移动，测量握住转向离合器手柄时车轮在移动位置的行程 B（14.0～16.0mm）。转向离合器"离"时的行程 B 仅为参考值的确认作业，须以转向离合器"合"时的游隙 A 为标准，利用螺钉扣部进行调节，如图 2-25 所示。

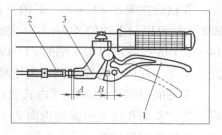

图 2-25 转向离合器
1—转向离合器手柄 2—转向
离合器拉索 3—螺钉扣部

3. 主变速手柄

将主变速手柄设定在"栽插"位置。将限速挡块置于"锁定"位置，确认在"栽插"位置时机体能前进，变速箱内部的齿轮没有脱离。机体不前进时，拔出卡销，转动变速杆进行调节。

4. 液压栽插离合器手柄（利用液压进行机体升降的杆）

将液压栽插离合器手柄置于"固定"位置，用调节螺母进行调节，以使旋转阀臂与加工孔的尺寸在 36～40mm 之间。将栽插离合器手柄分别置于"下降""固定""上升"位置时，确认机体升降及固定动作正常。在"固定"位置时如果机体下降，应用调节螺母将液压杆向伸长方向调整。在"固定"位置时如果机体上升，用调节螺母将液压杆向缩回方向调整。

六、久保田手扶式插秧机变速箱拆装

对于任务分析中提到的故障现象，只需对主离合器手柄进行几次合、离操作，变速手柄就能轻松切换。不要强行用力操作变速手柄，否则会造成变速臂部件变形以致无法变速，或导致变速手柄、变速杆变形。变速臂一旦变形，应及时进行更换，以免错过农忙最佳时期。如果是变速杆变形，调整变速手柄下侧的变速杆调整部，可使机器顺利前进或后退。

如果各手柄检查均无问题，那就有可能是没有在规定的时间内更换变速箱内的润滑油，从而导致变速箱里的齿轮咬死或轴承损坏。这时需要转动一下各个传动轴，如果是变速箱轴出现问题，需要对变速箱进行分解。

>>> **知识拓展**

七、东洋手扶式插秧机变速箱部分

目前手扶式插秧机结构基本相似，工作原理基本相同，下面简要介绍东洋手扶式插秧机变速箱部分主要结构。

1. 组成及原理

东洋手扶式插秧机主要由壳体、Ⅰ轴、Ⅱ轴、Ⅲ轴、左半轴、右半轴、穴距调节齿轮、减速齿轮转向离合器、拨叉等组成。

Ⅰ轴的左端通过方轴与传动带轮配合，中间是与轴一体的 Z17-19-20 穴距调节齿轮；右端是 Z13-22 变速齿轮，通过内花键与轴配合，并可在轴上移动。

Ⅱ轴的左端是 Z52-48 穴距调节齿轮，通过内花键与轴配合，并可在轴上移动。其中：Z52 齿轮可以与Ⅰ轴的 Z17-19-20 穴距调节齿轮中的 Z17 和 Z19 分别啮合，穴距为 12cm 和 14cm；Z48 齿轮可以与Ⅰ轴的 Z17-19-20 穴距调节齿轮中的 Z20 齿轮啮合，穴距为 16cm，中间有空套，Z21-47 齿轮是倒档齿轮最右端通过方轴与插秧机传动主动链轮配合。

Ⅲ轴的中间是 Z53-45 牙嵌式变速齿轮，与轴一体，该齿轮的两侧是转向离合器 Z14 牙嵌齿轮，空套在轴上由弹簧压向 Z53-45 牙嵌齿轮，传递动力。当分开任意一侧的牙嵌齿轮时，插秧机即可转弯。

左、右半轴的里端都有一个与轴一体的 Z44 减速齿轮，分别与转向离合器牙嵌齿轮啮合。外端通过方轴与地轮传动主动链轮配合。

2. 变速操纵机构

变速操纵机构主要是由换档机构和穴距调节机构两部分组成。换档机构能够变换变速齿轮的啮合关系，改变行驶速度和方向以及停车。穴距调节机构能够变换穴距调节齿轮的关系，使穴距为 12cm、14cm、16cm。

3. 变速箱的传动路线

变速档位动力变速和穴距调节两条传递路线，如图 2-26 所示。

（1）变速档位动力传递路线

行走档：变速箱带轮→Ⅰ轴→Ⅰ轴 Z13-22 齿轮中的 Z22 齿轮→Ⅲ轴 Z53-45 齿轮中 Z45 齿轮→左、右转向离合器→左、右半轴→左、右地轮。

插秧档：变速箱带轮→Ⅰ轴→Ⅰ轴 Z13-22 齿轮中的 Z13 齿轮→Ⅲ轴 Z53-45 齿轮中 Z53 齿轮→左、右转向离合器→左、右半轴→左、右地轮。

倒退档：变速箱带轮→Ⅰ轴→Ⅰ轴 Z13-22 齿轮中的 Z22 齿轮→Ⅱ轴 Z21-47 齿轮中的 Z47 齿轮→Ⅱ轴 Z21-47 齿轮中 Z21 齿轮→Ⅲ轴 Z53-45 齿轮中 Z45 齿轮→左、右半轴→左、右地轮。

（2）穴距调节传动路线

12cm 穴距档：变速箱带轮→Ⅰ轴→Ⅰ轴穴距调节 Z17-19-20 齿轮中的 Z17 齿轮→Ⅱ轴穴距调节 Z52-48 齿轮中 Z52 齿轮→Ⅱ轴→Ⅱ轴插秧主动链轮。

14cm 穴距档：变速箱带轮→Ⅰ轴→Ⅰ轴穴距调节 Z17-19-20 齿轮中的 Z19 齿轮→Ⅱ轴穴距调节 Z52-48 齿轮中 Z48 齿轮→Ⅱ轴→Ⅱ轴插秧主动链轮。

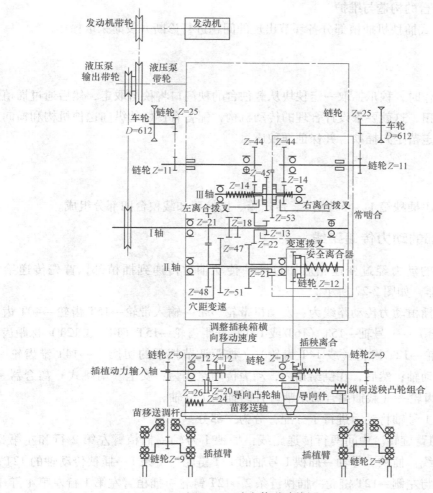

图 2-26　动力传递路线图

任务二　手扶式插秧机插植部拆装与维修

任务要求

☞知识点：

1. 插秧机分插原理，学会分析插植部动力路线图。

2. 典型手扶式插秧机供给箱的构造及工作原理。

3. 典型手扶式插秧机插秧传动链盒箱的构造及工作原理。

4. 插植臂的构造与工作原理。

☞技能点：

1. 掌握手扶式插秧机插植部的拆装步骤。

2. 掌握载秧台的构造与维护。

3. 能对手扶式插秧机插植部分各环节出现的问题进行诊断并及时采取措施。

任务分析

插秧机在工作时，秧爪抓取一定秧块从载秧台的秧门口将秧苗取走，然后通过插植臂的旋转将秧苗插入田，这就要求设计合理的传动机构，配备有良好的纵向送秧机构和横向送秧机构，从而达到定苗定穴插秧，并保证插秧质量。

相关知识

插植部主要由插秧箱1、插秧箱2、传送箱、插植臂和载秧台四部分组成。

一、插植部的动力传递路线

来自发动机的动力经过变速箱后通过插秧传动轴被传递到插植部，首先传递给安全（滑跳式）离合器，如图2-27所示。

在变速箱内插植动力传动路线为：发动机带轮→带→输入带轮→15T齿轮→40T齿轮→（主离合器爪啮合）→1号轴→15T（16T或18T）株距齿轮→15T（14T或12T）株距齿轮→后退轴→10T齿轮→12T齿轮（或14T齿轮）（株距调节把手的切换）→14T锥齿轮→16T锥齿轮→插秧传动轴；然后，在供给箱内，动力传动路线为：安全（滑跳式）离合器→14T锥齿轮→19T锥齿轮→（栽插离合器爪啮合）→插秧1号轴。

至此，插秧1号轴将动力进行了分配，分为三部分：

1）促使插植臂旋转。中间两行传递路线：插秧1号轴→插植臂左第2行和左第3行；边上两行传递路线：插秧1号轴→插秧1号轴的12T链轮→链条1→插秧传动轴的12T链轮→传动毂轴右侧与左侧→12T链轮→插秧链条2→12T链轮→插植臂左第1行左第4行。

2）横向传送传递路线。插秧1号轴→横向传送驱动轴的12T链轮→横向传送13T齿轮→横向传送26T（或20T）齿轮→横向传送螺钉→横向传送杆。

3）纵向传送传递路线。

二、插秧箱1

1. 安全（滑跳式）离合器

安全（滑跳式）离合器（图2-28）安装在插秧箱1侧的滑跳轴上，在这里起安全保护作用，当因障碍物而导致插植部承受异常负载时，用来切断传向插植部的动力，防止机器损坏。用垫片进行调节，以使安全（滑跳式）离合器的工作转矩为 $35 \sim 50N \cdot m$（$3.57 \sim 5.1kg \cdot m$）。安全（滑跳式）离合器也称为转矩限位器。

（1）正常的动力传递　来自变速箱的动力由插秧传动轴传递到转矩限位器1。转矩限位器1相对于滑跳轴进行自由运动，但在压缩弹簧的作用下，转矩限位器2被顶到转矩限位器1，通过转矩限位器1与转矩限位器2啮合的爪部，动力被传递到转矩限位器2，如图2-29所示。相对于滑跳轴，转矩限位器2以花键啮合，因此动力最终被传递到滑跳轴。

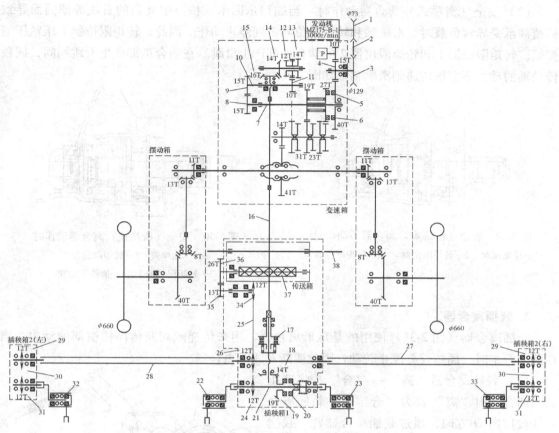

图 2-27　插植部动力传动路线

1—发动机带轮　2—带　3—输入带轮　4—15T 齿轮　5—40T 齿轮　6—主离合器爪啮合　7—1 号轴
8—15T(16T 或 18T)株距齿轮　9—15T(14T 或 12T)株距齿轮　10—后退轴　11—10T 齿轮　12—12T 齿轮
13、14、18—14T 齿轮　15—16T 锥齿轮　16—插秧传动轴　17—安全(滑跳式)离合器　19—19T 锥齿轮
20—栽插离合器爪啮合　21—插秧 1 号轴　22—插植臂左第 2 行　23—插植臂左第 3 行
24、26、29、31、34—12T 链轮　25—链条 1　27—传动毂轴右侧　28—传动毂轴左侧
30—插秧链条 2　32—插植臂左第 1 行　33—左第 4 行　35—13T 齿轮　36—横向
传送 26T(或 20T)齿轮　37—横向传送螺钉　38—横向传送杆

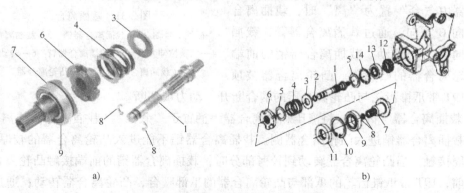

图 2-28　安全(滑跳式)离合器
a)安全离合器分解　b)安全离合器组装

1—滑跳轴　2—O 形圈　3—弹簧支架　4—压缩弹簧　5—垫片(50)　6—转矩限位器 2　7—转矩限位器 1
8—挡块轴环　9—轴承　10—内卡环　11—油封　12—14T 锥齿轮　13—轴　14—内卡环

（2）安全（滑跳式）离合器动作时　当插秧爪因卡入秧苗中夹杂的石块等原因而导致插植部承受异常负载时，滑跳轴和转矩限位器 2 则停止动作。因此，转矩限位器 1 压紧压缩弹簧，转矩限位器 1 和转矩限位器 2 的啮合爪部产生滑跳。在啮合爪部产生滑跳期间，插秧传动轴的动力不会被传递到滑跳轴，如图 2-30 所示。

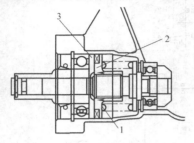

图 2-29　安全（滑跳式）离合器不动作时

1—压缩弹簧　2—转矩限位器 2　3—转矩限位器 1

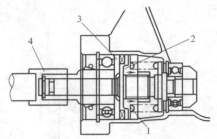

图 2-30　安全（滑跳式）离合器动作时

1—压缩弹簧　2—转矩限位器 2

3—转矩限位器 1　4—插秧传动轴

2. 栽插离合器

栽插离合器（图 2-31）使用的是爪形离合器，用来传递或切断传向插植部的动力。当在路上行走时，插植臂要停止转动，因此要断开栽插离合器。

（1）栽插离合器"离"→"合"　将液压栽插离合器由"离"置为"合"时，栽插离合器杆被拉向 D 方向，通过栽插离合器臂，栽插离合器销向 E 方向移动。当栽插离合器销向 E 方向移动时，凸轮离合器在压缩弹簧的作用下被压向右侧，凸轮离合器与 19T 带爪锥齿轮啮合，动力被传向插秧 1 号轴。

（2）栽插离合器"合"→"离"　将液压栽插离合器由"合"置为"离"时，栽插离合器杆被拉向 C 方向，通过栽插离合器臂，栽插离合器销向 F 方向移动。栽插离合器销的前端被顶向凸轮离合器的凸轮部。凸轮离合器被顶

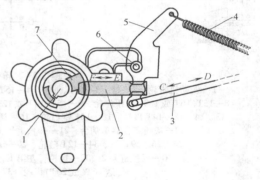

图 2-31　栽插离合器

1—插秧 1 号轴　2—栽插离合器销　3—栽插离合器杆

4—插秧拉伸弹簧　5—栽插离合器臂　6—转动支点

（栽插离合器臂）　7—凸轮离合器

向左侧，19T 带爪锥齿轮与凸轮离合器的啮合断开，动力被切断。

（3）栽插离合器"离"　将液压栽插离合器手柄置于"栽插"（栽插离合器"离"）的位置时，栽插离合器销进入凸轮离合器侧。栽插离合器销不能进入凸轮离合器的较厚部分，而与其外周接触。当凸轮离合器转动到较薄部分时，栽插离合器销的前端接触凸轮离合器的倾斜部分前，19T 带爪锥齿轮的爪部与凸轮离合器的爪部啮合，凸轮离合器转动；通过凸轮离合器的转动，栽插离合器销的前端在与凸轮离合器倾斜部分接触的同时，爪部的啮合开始脱离，此时凸轮离合器一边压紧压缩弹簧一边向左移动；最后，爪部的啮合完全脱离，动力被切断。但由于插植臂仍以惯性旋转，因此栽插离合器销的前端在凸轮离合器凸起部的作用

下强制停止。此时，插植臂一定在上方停止，此时的位置称为插植臂的上限停止位置，如图2-32 所示。

（4）插植臂的上限停止机构　上限停止机构是用液压栽插离合器手柄断开栽插离合器时，使插植臂的插秧爪一定处于浮舟底部上方的机构。这样，即使将机体下降到水泥地面时，也可避免插秧爪和推出装置与地面接触，保护其免受损伤。当处于上述上限停止位置时，插秧爪在滑动板的前后位置。但断开主离合器手柄而使插秧爪停止时，插秧爪将停止在任意位置。断开主离合器手柄后，将液压栽插离合器手柄置于"下降"（栽插离合器"离"）的位置，然后再次合上离合器手柄时，插秧爪移动到上限停止位置后停止。

图 2-32　栽插离合器上限位置
1—插秧 1 号轴　2—19T 带爪锥齿轮
3—凸轮离合器　4—栽插离合器销
5—压缩弹簧　6—凸轮离合器较薄
的部分　7—凸轮离合器较厚的部分
8—凸轮离合器凸起部

3. 横向传送机构与插秧箱驱动

（1）横向传送机构　横向传送机构是使载秧台沿滑动板进行左右往复运动的装置，如图 2-33 所示。插秧爪取苗时，载秧台横向移动，每抓取一次秧苗，载秧台横向移动一定的宽度，此宽度称为横向传送量。载秧台在滑板上移动，从左、右的任何一端移向另一端的过程中，插秧爪取苗次数由横向送秧齿轮来调整，插秧爪取苗的次数称为横向传送次数。横向传送次数可进行 26 次和 20 次两种切换，如秧毯宽度为 28cm，如果横向取秧次数为 26，则横向取秧量为 28cm/26＝10.77mm。通过将横向传送次数驱动齿轮更换为附带的齿轮，可进行横向传送次数的切换。

载秧台的横向传送运动通过横向传送螺钉、滑块、滑块支架和横向传送杆来进行。横向传送螺钉上加工有左旋和右旋用的双槽。螺旋槽的两端相互连接。横向传送螺钉本身旋转 13 圈时，螺旋槽由一端移动到另一端，再旋转 13 圈，则返回原来的位置。由于滑块的凸起部分嵌入在横向传送螺钉的螺旋槽中，因此横向传送螺钉旋转时，滑块沿着横向传送螺钉进行往复运动。此时，滑块支架与横向传送杆也进行同样的运动，因此安装在横向传送杆上的载秧台也进行左右往复运动。

横向传送机构的动力传递途径如下：

安全（滑跳式）离合器部→19T 带爪锥齿轮→栽插离合器部（凸轮离合器）→插秧 1 号轴→12T 链轮→插秧链条 1→12T 链轮→横向传送驱动轴→横向传送次数驱动齿轮→横向传送次数从动齿轮→横向传送螺杆。

（2）插秧箱驱动　从左向右的第 2 行与第 3 行的插植臂安装在插秧 1 号轴的两端。由插秧 1 号轴直接驱动左 2 行、左 3 行插植臂。

驱动从左向右的第 1 行与第 4 行的插植臂的插秧 2 号轴的动力传递途径如下：

插秧 1 号轴→12T 链轮→插秧链条 1→12T 链轮→传动 1 号轴→传动毂轴→传动 2 号轴→12T 链轮→插秧链条 2→12T 链轮→插秧 2 号轴。

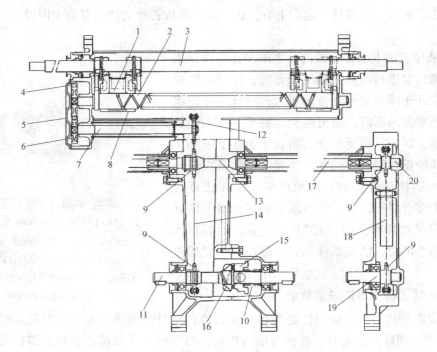

图 2-33　横向传送机构

1—滑块　2—横向传送螺钉　3—横向传送螺杆　4—横向传送次数从动齿轮　5—横向传送齿轮盖
6—横向传送次数驱动齿轮　7—横向传送驱动轴　8—滑块支架　9、12—12T 链轮　10—压缩弹簧
11—插秧 1 号轴　13—传动 1 号轴　14—插秧链条 1　15—凸轮离合器　16—19T 带爪锥齿轮
17—传动毂轴　18—插秧链条 2　19—插秧 2 号轴　20—传动 2 号轴

4. 纵向传送机构

纵向传送机构用于载秧台向左端部或右端部移动后，强制性将秧苗向下移动。

在插秧爪抓取秧苗的同时，载秧台横向移动，当载秧台移动到左右端部时，如果没有纵向传送机构强制性将秧苗向下移动，插秧会出现无秧苗的状态。插秧爪无苗可取，从而造成缺秧。当载秧台返回时，为了使插秧爪抓取秧苗，必须将秧苗向下移动，使插秧爪处于有苗可取的状态。

手扶式插秧机的纵向传送机构有纵向传送带和纵向传动轮两种，目前常用的是纵向传送带机构，如图 2-34 所示。纵向传送带机构是通过带突起的纵向传送带传送秧苗。同时，纵向传送带还可确保载秧台到达左右端部时秧苗不会掉落。

如图 2-35 所示，横向传送螺钉旋转，滑块和滑块支架沿着横向传送螺钉的螺旋槽进行左右移动。滑块支架上安装有纵向传送凸轮，当滑块支架到达横向传送螺钉左右端部时，纵向传送凸轮 2 将顶起纵向传送凸轮 1。由于纵向传送凸轮通过键与横向传送杆连接，因此当纵向传送凸轮被顶起时，横向传送杆开始转动。横向传送杆与纵向传送臂通过键连接在一起，当横向传送杆开始转动时，纵向传送臂也开始转动。纵向传送臂转动后，纵向传送金属件、单向离合器臂、纵向传送杆与之联动，使取苗量调节支架动作。此时，单向离合器支座

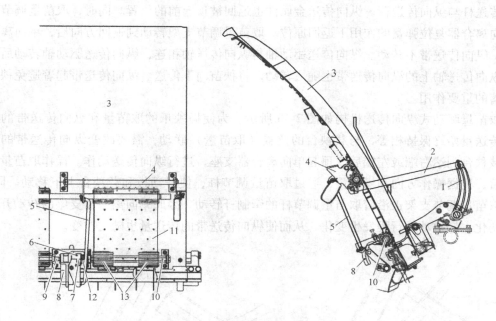

图 2-34 纵向传送带机构

1—纵向传送臂 2—纵向传送金属件 3—载秧台 4—单向离合器臂 5—纵向传送杆 6—单向离合器支座
7—单向离合器 8—取苗量调节支架 9—纵向传送驱动轴 10—纵向传送轴 11—纵向传送带
12—单向离合器复位弹簧 13—纵向传送带轮

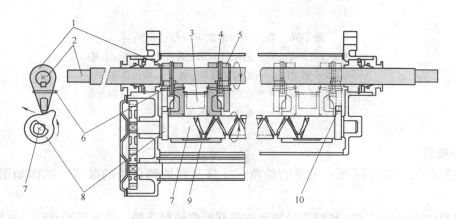

图 2-35 纵向传送凸轮机构

1、5—纵向传送凸轮 2 2—横向传送杆 3—滑块 4—左侧纵向传送凸轮 2 复位弹簧
6—右侧纵向传送凸轮 2 复位弹簧 7—横向传送螺钉
8、10—纵向传送凸轮 9—滑块支架

内的单向离合器开始动作，驱动纵向传送驱动轴。单向离合器是仅驱动一个方向旋转的装置，因此，单向离合器在纵向传送凸轮被顶起的方向（顺时针方向）动作，驱动纵向传送驱动轴。纵向传送驱动轴驱动纵向传送轴和纵向传送带轮，使纵向传送带转动。此时，秧苗被传送到下方。被顶起的纵向传送凸轮在左右侧纵向传送凸轮复位弹簧的作用下返回原位，

横向传送杆与纵向传送臂、纵向传送金属件也返回被顶起前的位置。同时，取苗量调节支架在单向离合器复位弹簧的作用下返回原位。取苗量调节支架转动到返回方向后，单向离合器空转，纵向传送带不转动。纵向传送驱动轴与纵向传送轴相连，纵向传送驱动轴转动后，安装在纵向传送轴上的纵向传送带也随之转动，将秧苗向下传送。纵向传送带起着避免秧苗向下滑落的重要作用。

取苗量联动式纵向传送机构如图2-36所示。为使插秧爪的取苗量和纵向传送带的秧苗纵向传送量始终保持相等，与载秧台的位置（取苗量）联动，需要改变纵向传送带的传送量。载秧台到达右端或左端后，顶起单向离合器支座，进行纵向传送动作。操作取苗量调节手柄后，根据操作方向和操作量，通过取苗量调节杆，使滑动板和载秧台上下移动。同时，由于取苗量调节支架也沿着取苗量调节杆的牵制杆转动，因此单向离合器支座的转动开始点发生变化，导致动作行程发生变化，从而使纵向传送带的传送量也随之改变。

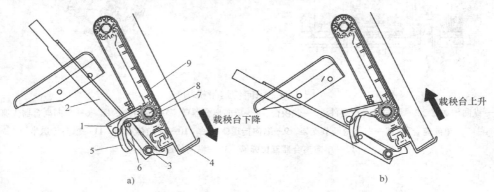

图2-36　取苗量联动式纵向传送机构
a）增加取苗量时载秧台下降　b）减少取苗量时载秧台上升
1—单向离合器支座　2—取苗量调节手柄　3—取苗量调节杆
4—滑动板　5—取苗量调节支架　6—牵制杆　7—单向离合器
8—纵向传送轴　9—纵向传送带

5. 插植臂

插植臂是从载秧台抓取一定量的秧苗，并将其栽插到田块的装置，结构如图2-37所示。

插秧箱的插秧1号轴、插秧2号轴与插植臂的曲轴臂连接。曲轴臂转动时，在摆动臂的作用下，插植臂开始取苗并转动。曲轴臂转动时，推出凸轮开始转动。由于推出臂被推出用压缩弹簧顶压，因此推出臂根据推出凸轮的外周形状而运动。插秧爪在上止点附近取苗时，根据推出凸轮的外周形状，推出臂处于被拉入内部的状态。此时，推出臂被压缩弹簧压紧。

秧苗被插秧爪抓取，夹在插秧爪和推杆之间。插秧爪在下止点附近栽插时，因推出凸轮的外周形状所产生的勾挂消失，推出臂被推出用压缩弹簧压紧，在到达缓冲橡胶前突然推出。秧苗被推出臂推出，脱离插秧爪，栽插到泥土中。然后，根据推出凸轮的外周形状，推出臂被拉向内部。

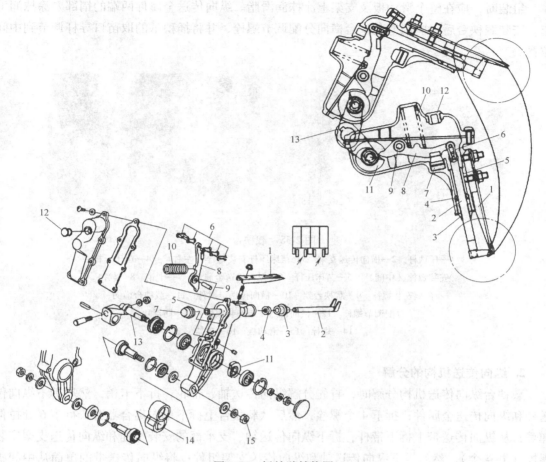

图 2-37　插植臂结构图

1—插秧爪　2—推杆　3—尘封　4—油封　5—轴套　6—链条接头　7—缓冲橡胶
8—推出臂　9—支点销（推出臂）　10—推出用压缩弹簧　11—推出凸轮
12—加油栓　13—曲轴臂　14—摆动臂　15—螺母

▶▶任务实施

三、组件的分离

1. 载秧台（装备有纵向传送带的机器）**的拆装**

载秧台如图 2-38 所示。载秧台整体拆装时，具体应按下列操作步骤进行：首先拆下压秧杆的卡销，然后从横向传送支架上拆下压秧杆；拆下苗床压杆左右安装螺栓；拆下苗床压杆中间安装螺栓，然后拆下苗床压杆；拆下纵向传送金属件的卡销，然后拆下纵向传送金属件；拆下载秧台架左右安装螺栓，然后拆下载秧台架；拆下横向传送金属件，然后拆下载秧台横向分配左右调节螺栓；拆下左右的横向传送支架安装螺栓，然后拆下横向传送支架；拆下防浮块的安装螺栓，然后拆下 4 处防浮块；向上抬起载秧台，从滑动板上分离出载秧台组件。

组装时，应在整个滑动板及支架上涂抹润滑脂。纵向传送金属件两端的销部要涂抹润滑脂。安装载秧台后，应调节载秧台横向分配调节螺栓，并将插秧爪的取苗口导杆调节到中间位置。

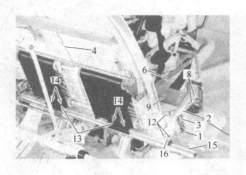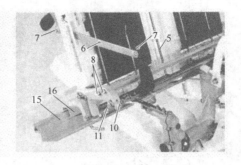

图 2-38　载秧台

1—压秧杆　2—横向传送支架　3—苗床压杆安装螺栓（左右）　4—苗床压杆
安装螺栓（中间）　5—苗床压杆　6—纵向传送金属件　7—卡销　8—载秧
台架安装螺栓　9—载秧台架　10—横向传送金属件　11—载秧台横向
分配调节螺栓　12—横向传送支架安装螺栓　13—防浮块
14—螺栓　15—滑动板　16—支架

2. 纵向传送机构的分解

载秧台纵向传送机构分解时，首先分解纵向传送轴、带轮，拆下卡销，然后拆下纵向传送杆和纵向传送金属件；拆下 4 个螺栓，然后从载秧台上拆下单向离合器臂；拆下 6 处拉伸弹簧；从纵向传送带上拆下带杆；拆下纵向传送轴、支承部的安装螺栓和纵向传送支架安装螺栓（共 4 个），然后拆下纵向传送轴和纵向传送支架组件；将纵向传送带的单面从中间折弯，然后从载秧台的间隙中向后拔出。

在组装时，将纵向传送带轮压入纵向传送轴，要根据缺齿的盈亏调整压入时机，以使两个带轮的缺齿相对。在单向离合器臂的支承部、纵向传送臂的支点部、纵向传送杆的支点部要涂抹润滑脂。

纵向传送单向离合器组装时，单向离合器侧面刻印有表示驱动方向的 "←LOCK"。压入时，仔细观察此刻印箭头，刻印的 "←LOCK" 要朝向自己；组装油封时要将尘封唇部朝向外侧。另外，装入油封时，应使距离单向离合器支座端面内侧的间隙 $L = 0 \sim 0.5\text{mm}$。向单向离合器支座内侧涂抹润滑脂后，组装单向离合器、油封；另外，还应在油封的唇面涂抹润滑脂。隔片的内径、外径部和取苗量调节支架内侧也应涂抹润滑脂。组装后，在纵向传送驱动轴固定的状态下，确认单向离合器支座可以在单向离合器复位弹簧的作用下向箭头方向动作。

3. 插植臂的分离

1）把插植臂从载秧台上拆下来就是插植臂的分离。首先拆下插秧箱与摆动臂的连接螺母，将固定螺栓的螺母旋松到螺栓端面（注意不要弄伤螺纹），然后顶上黄铜棒，敲出固定螺栓，拆下螺母后，拔出固定螺栓，注意不要弄伤盖等，用树脂锤子等敲击插植臂主体，将插植臂主体从插秧箱分离。

组装时，应注意组装固定螺栓的朝向，将固定螺栓的平面部朝向曲轴臂进行组装，组装后，须进行取苗量调节，并以力矩紧固取苗量调节螺母。

2）插植臂的分解与组装。插植臂拆装时应先拆下盖安装螺钉，然后拆下盖。需要注意拆下树脂盖时应用手按住盖子，以免推出用压缩弹簧突然飞出。拆下链条接头，然后拆下推杆。拆下塞，然后拆下螺母和曲轴臂。拆下油封、卡环和轴承。更换摆动臂的轴承时，应预先准备好新的油封。

组装时，插植臂内部应注入润滑脂或软黄油（50%油脂与50%齿轮油的混合物）。在油封的唇面和轴承内部涂抹软黄油后再组装；推出用压缩弹簧与盖接触的部分（树脂盖内侧）充分涂抹软黄油后再组装；同时，轴套的内侧涂抹软黄油后再组装。推出用压缩弹簧的下侧应切实装入推出臂的凸出部。组装支点销时，应涂抹速凝胶，并使支点销离开插植臂主体外面约2mm，将油封切实装入，直到顶住卡环；曲轴臂与推出用凸轮须按图2-39所示进行组装。组装后，须确认曲轴臂是否沿箭头方向旋转。

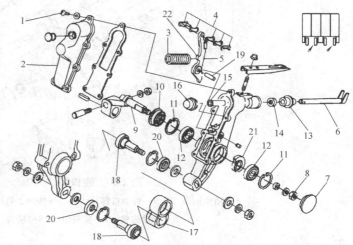

图2-39　插植臂

1—螺钉　2—外盖　3—推出用压缩弹簧　4—链条接头　5—推出臂
6—推杆　7—塞　8—螺母　9—曲轴臂　10—油封　11—卡环
12—轴承　13—尘封　14、20—油封　15—轴套　16—缓冲橡胶
17—摆动臂　18—轴承　19—支点销（推出臂）
21—推出凸轮　22—推出臂的凸出部

4. 插秧箱2

（1）插秧箱2的分离　分离插秧箱2时，应先拆下排油螺栓，将插秧箱2内的润滑油排出；然后拆下两侧浮舟支架，拆下两侧螺栓，将插秧箱2从传动架上分离；拆下传动毂轴，从而拆下两侧浮舟。

组装时，应在传动架与插秧箱2或插秧箱2的接合面上充分涂抹密封胶后再进行组装，须将铰孔（定位）螺栓装在指定的位置。传动毂轴的两端须涂抹润滑脂。插秧箱的结构如图2-40所示。

（2）插秧箱2的分解　拔出传动2号轴与插秧2号轴时，应先拆下油封和卡环，用钢丝钳等夹紧传动2号轴与插秧2号轴，然后用塑料锤等敲击插秧箱2，将其拔出。

组装时，应在装入链条张紧器（链条拉板）后再安装传动2号轴。将传动2号轴较宽的一面朝向机体前方，并如图2-41所示，将插秧2号轴的键槽平直组装。此时也可通过插秧箱2外侧的对准标记进行确认。不得使用M6×20mm以外的检油口螺栓。检油口螺栓上须安装带橡胶的垫圈。油封应更换为新品后再组装。油封、唇面须涂抹润滑脂。

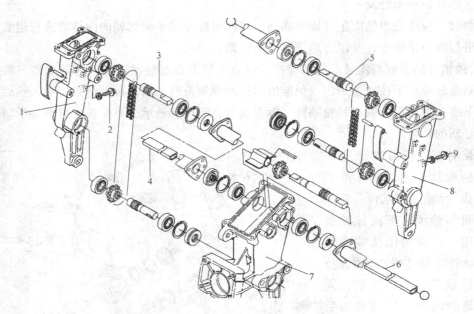

图 2-40　插秧箱的结构

1—插秧箱 2　2、9—检油口螺栓　3、5—传动 2 号轴　4—传动毂轴
6—传动毂轴　7—插秧箱 1　8—插秧箱 2

5. 插秧箱 1 与传送箱

（1）分离插秧箱 1 与传送箱　插秧机拆装前应先放出发动机油底壳里、变速箱及行走传动链盒里的机油。具体步骤如下：

1）首先应拆卸机罩，再拆下中央浮舟。

2）分离载秧台，分离插秧箱 2。

3）分离拉索、杆、电气配线类零部件，在分离插秧箱 1 与箱架时，拆下 4 个预备秧架底座的安装螺栓、4 个预备秧支架安装螺栓、2 个侧面支架安装螺栓。

4）拆下液压杆侧调节弹簧，然后从辅助架和箱架之间拆下预备秧架底座。

5）在插秧箱 1 的下方和浮舟支架的下方放上垫块，支起插植部。拆下箱架安装螺栓、螺母（后部）。

6）将插秧箱 1 从箱架上分离，分离插秧箱 1 与转向手柄架时，拆下插秧拉伸弹簧，拆下卡销，将栽插离合器杆从栽插离合器臂上分离。

7）拆下左右各 2 个铰孔（定位）螺栓，然后将插秧箱 1 连同传送箱一起从转向手柄架上分离。

（2）传送箱的分解与组装　传送箱是用来改变横向传送次数的装置，壳体内有一对横向传送齿轮。拆装横向传送次数切换齿轮时，应先拆下排油螺栓，排出润滑油，然后拆下横向传送手柄和垫圈，最后拆下 2 个横向传送次数切换齿轮。横向传送次数切换齿轮为横向传送 26 次（26T 齿轮与 13T 齿轮）和横向传送 20 次（20T 齿轮与 13T 齿轮）的组合。出厂时

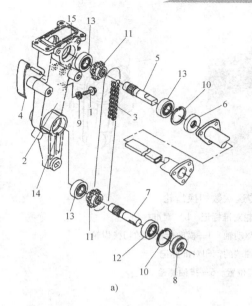

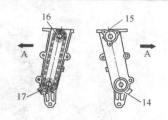

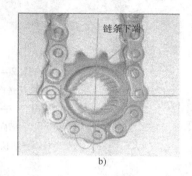

图2-41　插秧箱2

a）插秧箱2分解　b）插秧箱2对准标记

1—检油口螺栓（与链条张紧器兼用）　2—插秧箱2　3—插秧链条2　4—链条张紧器
（链条拉板）　5—传动2号轴　6—油封　7—插秧2号轴　8—油封　9—带橡胶的垫圈
10—卡环　11—12T链轮　12、13—轴承　14—插秧箱2下侧的对准标记
15—插秧箱2上侧的对准标记　16—将传动2号轴较宽的一面朝向机体前侧
17—插秧2号轴的键槽　A—机体前方

横向传送次数设定为26次，20次传送齿轮装在标准附件箱中。横向传送次数切换齿轮与株距调节齿轮相似，但横向传送次数切换齿轮的孔为正方形，而株距调节齿轮的孔为长方形，可依此进行区分。

　　组装横向传送次数切换齿轮时，应将对准标记对齐。横向传送次数切换齿轮的变更方法（横向传送次数的变更）：首先将主变速手柄置于"中立"位置，起动发动机后，再将主离合器手柄置于"合"的位置，将栽插离合器手柄也置于"合"的位置后，将载秧台移动到左端或右端附近，然后关停发动机；将主变速手柄置于"中立"位置，在主离合器手柄处于"合"的位置、液压栽插离合器手柄处于"栽插"位置的状态下，慢慢拉动起动把手，使纵向传送轮处于刚刚停止的状态；拆下横向传送盖，稍微移动横向传送螺钉的对准标记（钢印），使其相对于横向传送驱动轴的中心线处于"上"的位置。换装横向传送次数切换齿轮，最后组装横向传送盖。在拆下横向传送齿轮时，如果不慎转动了插植臂，则应进行以下调整：

　　1）用手转动插植臂，调整插秧1号轴的键位置与排油螺栓，使其成为图2-42中对准标记所示的直线。

　　2）组装横向传送次数切换齿轮。

　　3）组装横向传送盖。

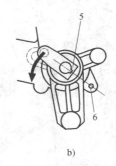

图 2-42　横向传送次数切换齿轮

a）横向传送次数切换齿轮对准标记　b）对准标记

1—横向传送螺钉　2—横向传送驱动轴　3—横向传送次数切换齿轮

4—横向传送螺钉轴端的钢印对准标记

5—插秧 1 号轴的键位置　6—排油螺栓

（3）纵向传送臂的拆卸　纵向传送臂如图 2-43 所示。拆卸纵向传送臂时，先松动横向传送杆左右两侧的螺母，拆下载秧台横向分配调节螺栓，然后松动纵向传送臂的安装螺栓，将纵向传送臂从横向传送杆上拆下。

拆卸横向传送杆、横向传送螺钉、左侧传送箱盖时，将右侧横向传送护罩从横向传送杆中拔出（仅进行盖分解时不必拆下左侧横向传送护罩）。将左侧传送箱盖的 5 个安装螺栓连同带橡胶的垫圈一起拆下。将左侧传送箱盖、横向传送杆、横向传送螺钉组件一起从传送箱上拆下。在拆下横向传送螺钉组件时，须确认有无调节轴环及其个数。

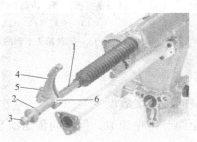

图 2-43　纵向传送臂

1—横向传送杆　2—螺母　3—载秧台横向分配调节螺栓　4—纵向传送臂

5—纵向传送臂的安装螺栓　6—键

组装右侧横向传送护罩时，应将其切实装入横向传送杆的沟槽中；组装左侧传送箱盖的安装螺栓时，切勿忘记安装带橡胶的垫圈，否则会引起漏油；组装横向传送螺钉组件时，应将调节轴环装回原位。检查传送箱与纵向传送凸轮的间隙（1.0mm 以下），如果间隙超过标准值（间隙过大），要用调节轴环进行调节。如果横向传送杆、横向传送螺钉以及横向传送驱动轴各两端的轴套发生磨损，要将其更换。组装时，在横向传送杆、横向传送螺钉以及横向传送驱动轴两端的轴套上涂抹润滑脂。

拆装横向传送螺钉、横向传送杆时，应将左侧横向传送护罩从横向传送杆中拔出；从横向传送螺钉和横向传送杆上拆下左侧传送箱盖；从横向传送螺钉上拆下调节轴环（有些机型没有）和止推轴环、纵向传送凸轮；拆下纵向传送凸轮两侧的卡环；拆下纵向传送凸轮复位弹簧，然后拆下纵向传送凸轮、调节轴环（有些机型没有）；从滑块支架上拆下横向传送杆；拆下横向传送杆的键；拆下卡环，然后拆下滑块；从横向传送螺钉上拆下滑块支架。

组装左侧横向传送护罩时，应将其切实装入横向传送杆的沟槽中，应将横向传送螺钉右端装有调节轴环的部件装回原位；纵向传送凸轮复位弹簧的弹簧挂钩须挂在滑块支架与纵向传送凸轮上。须参考照片和插图切实组装，以免装错。另外，组装时不得弄错两个纵向传送凸轮的位置。将滑块支架组装到横向传送杆上时，将装有调节轴环的部件装回原位，如图2-44所示。

如果滑块支架、纵向传送凸轮等发生磨损，导致两个外卡环之间的滑块支架与横向传送杆的左右间隙（A）在标准值以上时，应及时插入调节轴环，以将左右间隙（A）调节为标准值（0.2mm以下）。调整后，确认纵向传送轴能顺畅地动作。组装时，在横向传送杆、横向传送螺钉以及横向传送驱动轴各两端的轴套上以及滑块上涂抹润滑脂后再组装；且在左右纵向传送凸轮复位弹簧、纵向传送凸轮以及调节轴环上涂抹润滑脂后再组装。

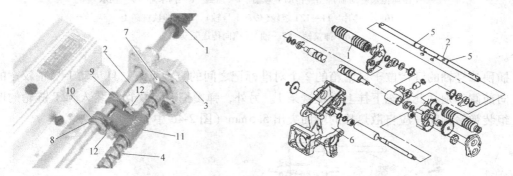

图2-44 横向传送杆

1—左侧横向传送护罩 2—横向传送杆 3—左侧传送箱盖 4—横向传送螺钉
5—调节轴环 6—插秧箱 7、12—纵向传送凸轮 8—外卡环 9—左侧纵向
传送凸轮2复位弹簧 10—右侧纵向传送凸轮2复位弹簧 11—滑块支架

（4）插秧箱1的分解与组装

1）传动1号轴、横向传送驱动轴的分解。拆下横向传送驱动轴的卡环，然后拆下止推轴环。向左（箭头方向）拔出横向传送驱动轴，拆下12T链轮；拆下传动1号轴两端的油封（使用螺钉旋具从传动1号轴侧拆卸，如果从油封外周侧插入螺钉旋具，则有可能弄伤插秧箱）。从传动1号轴的右侧拆下内卡环，向右侧（箭头方向）同时拆下传动1号轴和轴承；拆下散热片和12T链轮，如图2-45所示。

组装插秧箱1的时候，向传动1号轴、插秧1号轴、12T链轮挂上插秧链条1，应与对准标记对齐，否则会造成纵向传送机构与横向传送机构的取苗时间无法正确吻合，导致插秧爪与载秧台的中间材料接触，从而损伤载秧台中间材料的下部。

组装要点（各标记如图2-46所示）：

①端动力输出轴端面的大面向前（发动机方向），此时相对应的链轮的标记缺口应向上。

②下端插植臂驱动轴上两侧的平键槽向下，此时相对应的链轮的标记缺口应向上。

③平键槽的中心线与上端轴中心的连线应与大面的端面平行，并且与壳体上的标记缺口

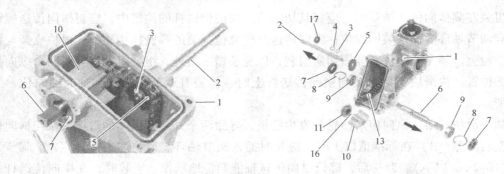

图2-45　插秧箱的结构

1—插秧箱　2—横向传送驱动轴　3—外卡环　4—止推轴环　5—12T链轮
（横向传送驱动轴）　6—传动1号轴　7—油封　8—内卡环　9—轴承
10—散热片　11—12T链轮（传动1号轴）　13—插秧链条1
16—弹簧销　17—油封（横向传送驱动轴）

重合。

插秧1号轴的键槽位于供给箱的2个对准标记之间的直线下方，且传动1号轴较宽的一面朝向前侧，须在此状态下挂上插秧链条1。另外，弹簧销一定要切实装入12T链轮的凹入部。组装弹簧销时，应自散热片的端面突出5.5mm（图2-46中C）。

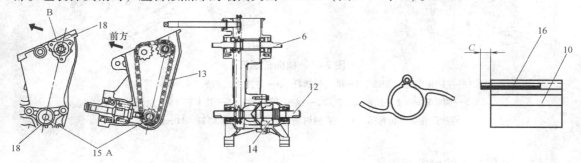

图2-46　插秧箱的安装

6—传动1号轴　12—插秧1号轴　13—插秧链条1　14—栽插离合器部的
凸轮离合器　15—键槽　18—插秧箱1的对准标记
A—将插秧1号轴的键槽朝向线的下侧　B—将传动1号轴面积较大的
平面朝向前侧，与线平行　C—弹簧销自散热片端面突出5.5mm

2）插秧1号轴的分解。插秧1号轴的分解首先要拆下栽插离合器销，先拔出栽插离合器臂的卡销，拆下支点销（带头销），拆下栽插离合器臂，拔出栽插离合器销；然后拔出插秧1号轴，拆下插秧1号轴两端的键，拆下1个将栽插离合器箱固定在插秧箱1上的螺栓和2个铰孔（定位）螺栓，从机体左侧轻敲插秧1号轴，将栽插离合器箱、插秧1号轴、19T带爪锥齿轮、凸轮离合器等一起向右拔出；最后从机体右侧轻敲插秧1号轴，插秧1号轴、凸轮离合器、19T带爪锥齿轮等一起从插秧离合器箱中拔出。如果拆下插秧离合器箱侧的轴承，则可拆下止推轴环、压缩弹簧和凸轮离合器如图2-47所示。

组装时，栽插离合器销外周要涂抹润滑脂后再组装。如果油封的唇面发生磨损、栽插离合器护罩的销孔或表面出现龟裂，则必须更换新品，将铰孔（定位）螺栓装回原来的位置。注意组装插秧 1 号轴时，链轮与轴之间的记号：轴上花键处有一齿打磨过与链轮相配合。组装时一定要按记号安装，否则会出现不同步现象，插秧 1 号轴的键槽中心与凸轮离合器的驱动爪部在一条直线上最靠近的位置，在油封的唇面涂抹润滑脂后再组装。如果油封的唇面发生磨损，则应更换。

3）安全（滑跳式）离合器的分离与拆卸。首先拆下油封（注意：拆下油封时，不得从插秧箱侧插入一字螺钉旋具等，否则会因损坏插秧箱而导致漏油），拆下卡环，然后从供给箱上拆下安全（滑跳式）离合器组件，拆下卡环，最后将 14T 锥齿轮和轴承整体拆下。

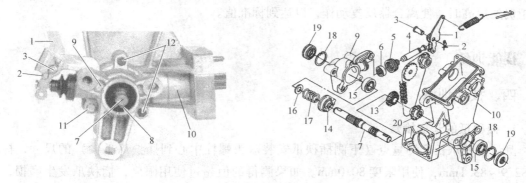

图 2-47　插秧 1 号轴

1—栽插离合器臂　2—卡销　3—带头销　4—栽插离合器销　5—栽插离合器护罩
6—油封（栽插离合器销）　7—插秧 1 号轴　8—键　9—栽插离合器箱　10—插秧箱 1
11—螺栓　12—铰孔螺栓　13—19T 带爪锥齿轮　14—凸轮离合器　15—轴承
16—止推轴环　17—压缩弹簧　18—卡环　19—油封　20—12T 链轮

安全（滑跳式）离合器的拆卸：使用顶拔器压紧压缩弹簧，然后拆下挡块轴环，如图 2-48 所示进行分解。

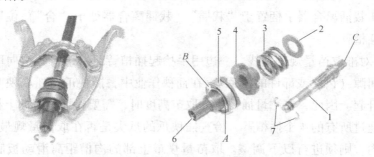

图 2-48　安全（滑跳式）离合器分解

1—滑跳轴　2—弹簧支架　3—压缩弹簧　4—转矩限位器 2
5—轴承　6—转矩限位器 1　7—挡块轴环

在组装时，要在滑跳轴的 C 部涂抹润滑脂后再组装，测量安全（滑跳式）离合器的工作转矩。测量安全（滑跳式）离合器的工作转矩，需另行准备驱动滑跳轴的"传动轴"，将其与滑跳轴接合的一侧切去大约10cm，用棘轮扳手将其与使用的套筒扳手焊接，制作测量安全（滑跳式）离合器工作转矩的测量夹具。用钢丝钳等将与14齿锥齿轮接合侧的滑跳轴固定好，为了避免弄伤滑跳轴的键槽部分，须使用棉纱等进行保护后再予以固定。利用工作转矩测量夹具和转矩扳手，将离合器向图的方向（从上方看为逆时针方向）转动；测量安全（滑跳式）离合器的转矩限位器1、2的接合面滑跳分离时的值。将转矩限位器1、2更换为新品时，在接合面等充分涂抹润滑脂后再组装，使离合器动作20次后，共测量6次，然后求出其平均值。如果测得的工作转矩远远低于标准值，则应适当加入转矩调节垫片（厚度为0.5mm），以标准值（35.0～50.0N·m）中的中间（42.5N·m）为目标进行调整；如果工作转矩远远高于标准值，则应拆去所有的转矩调节垫片（厚度为0.5mm），即使这样转矩仍然过高时，使离合器反复动作，以达到标准值。

▶▶ 技能训练

四、技能训练

1. 插秧爪的长度检查

测量插秧爪长度测量点（下侧插秧爪安装双头螺柱中心到插秧爪爪尖）的尺寸，标准为82.9～83.1mm，使用限度80.0mm。如果测得的值超过使用限度，插秧爪发生磨损，应更换插秧爪。

2. 标准取苗量的调节

操作步骤：

1）检查插秧爪的长度，如果超过使用限度，则应更换。

2）操作取苗量调节手柄，将其置于"最多"的位置。

3）将取苗量规放在滑动板的取苗口。用手转动插植臂，使插秧爪靠近取苗量规。此时主开关置于"关"的位置；将主变速手柄置于"中立"位置；将主离合器手柄置于"合"的位置；将液压栽插离合器手柄置于"栽插"（栽插离合器处于"合"）位置，然后拉动起动把手，起动插植臂。

4）将秧针对准取苗量规刻度线。一边用手抬起插植臂，一边将其按向取苗量规。插植臂本身有上下间隙（齿轮或部件的齿隙）。在插秧作业中，插秧爪在抓取秧苗时，在离心力的作用下向上升起。因此，在测量插秧爪的取苗高度时，需要将插植臂向上抬起后再进行测量。此时，应通过所有的4个插植臂，检查插秧爪的爪尖是否在取苗量规最上部的沟槽内。如果不在沟槽内，则须进行以下调整。取苗量规最上部的沟槽距离滑动板底面的距离应为17.0mm。

取苗量调节如图2-49所示，具体做法如下：

①松动联接轴的螺母，螺母应松动到可用手移动插植臂的程度，不必拆下螺母。

②用手移动插植臂，在插秧爪的爪尖进入取苗量规最上部沟槽内的位置紧固螺母。

③将所有的4个插秧爪的取苗高度差调节在1.0mm以内。

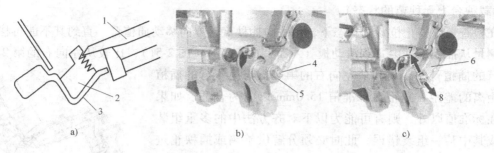

图 2-49 取苗量调节

a）秧针对中 b）连接轴拆卸 c）连接轴调整

1—插秧爪 2—取苗量规 3—滑动板 4—连接轴 5—螺母

6—插植臂 7—插秧爪爪尖下降的方向（插植臂向上移动）

8—插秧爪爪尖上升的方向（插植臂向下移动）

3. 插植臂的上限停止位置调整

检查插秧爪的长度，如果超过使用限度、发生磨损时，则应更换。

将取苗量调节手柄置于从最多位置数起的第 5 段的位置进行操作（载秧台上无秧苗的状态）。在主变速手柄处于"中立"位置时，起动发动机后，将液压栽插离合器手柄置于"栽插"位置，将主离合器手柄置于"合"的位置，然后使插植臂旋转动作；将液压栽插离合器手柄置于"下降"（栽插离合器处于"离"的位置）后，关停发动机，此时，插植臂处于上限停止位置；用手将第 2 行或第 3 行的插植臂向与插秧动作相反的旋转方向移动，直到不能再移动为止，此时，测量从插秧爪爪尖到滑动板的距离，标准值为 35.0 ~ 60.0mm。测得的值在标准值以外时，则有可能是插秧箱内部的插秧 1 号轴与凸轮离合器组装（花键接合组装）错误，此时必须分解栽插离合器箱进行检查，如图 2-50 所示。

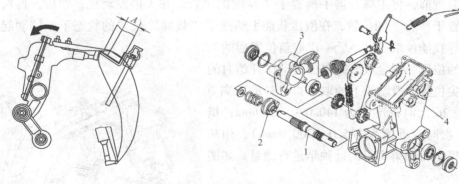

图 2-50 安全（滑跳式）离合器分解

1—插秧 1 号轴 2—凸轮离合器 3—栽插离合器箱 4—插秧箱 1

4. 插秧爪爪尖位置差异的检查

（1）供给箱或插秧箱组装状态的检查 检查插秧爪的长度，如果超过使用限度、发生磨损时，应及时更换；将取苗量调节手柄置于从最多位置数起的第 5 段的位置进行操作

（此时载秧台上无秧苗的状态）。

在检查上限停止位置的状态下，用手向插秧旋转方向移动插植臂，直到其不能再移动为止；测量从插秧爪爪尖 a' 到滑动板（X 面）的距离 A（图 2-51），比较从左向右的第 2 行和第 3 行的插植臂的距离和从左向右的第 1 行与第 4 行的插植臂的距离的差距，差距在标准值 15.0mm 以内为合适。如果差距在标准值以外，则有可能为以下对齐方法中的多重组装错误或其中某一组装错误，此时必须分解供给箱或插秧箱进行检查。

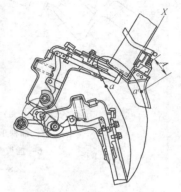

图 2-51　插秧爪爪尖位置

1）供给箱内部插秧 1 号轴的 12T 锥齿轮与传动 1 号轴上 12T 链轮的插秧链条 1 的挂法。

2）供给箱内部插秧 1 号轴的 12T 链轮与花键嵌合的对齐方法。

3）供给箱内部传动 1 号轴的 12T 链轮与花键嵌合的对齐方法。

4）插秧箱内部插秧 2 号轴的 12T 链轮与传动 2 号轴上 12T 链轮的插秧链条 2 的挂法。

5）插秧箱内部插秧 2 号轴的 12T 链轮与花键嵌合的对齐方法。

6）插秧箱 2 内部传动 2 号轴的 12T 链轮与花键嵌合的对齐方法。

（2）插秧爪磨损状态的检查　检查插秧爪的长度，如果磨损量超过使用限度，则应将其更换为新品。

5. 载秧台纵向传送时间的检查

主变速手柄处于"中立"位置时，起动发动机后，将液压栽插离合器手柄置于"栽插"位置，将主离合器手柄置于"合"的位置，然后使载秧台左右移动；在横向传送动作的左端或右端靠近前，将主离合器手柄置于"离"的位置，并关停发动机；然后，再次将主离合器手柄置于"合"的位置，在液压栽插手柄处于"栽插"位置的状态下，拉动起动把手的拉索。寻找插秧爪经过最后一次取苗位置后的纵向传送开始位置，测量从该纵向传送动作开始时的插秧爪爪尖位置到滑动板下的取苗口导杆的距离 B（横向传送 26 次时标准值为 140.0～175.0mm；横向传送 20 次时标准值为 165.0～200.0mm），用从左向右的第 2 行和第 3 行的插秧爪进行测量，如图 2-52 所示。

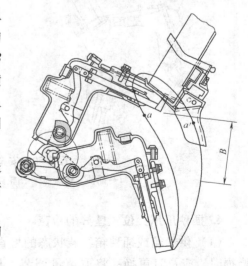

如果测得的距离 B 在标准值以外，则横向传送次数切换齿轮可能组装有误，应采用如下方法进行正确组装：

1）使载秧台处于安装了 2 个横向传送次数切换齿轮的状态。

2）纵向传送动作结束后，在载秧台的横向传

图 2-52　插秧爪爪尖位置

送左端或右端停止插植部的动作。

3）拆下 2 个横向传送次数切换齿轮。

4）稍微移动横向传送螺钉的轴端，使轴端的钢印对准标记到达横向传送驱动轴的中心线的"上侧"。用 10mm 规格的扳手将横向传送螺钉的轴端稍微向逆时针方向转动，钢印对准标记即位于 2 根轴中心线的"上侧"。

5）在拆下 2 个横向传送次数切换齿轮的状态下，用手转动插植臂，使从左向右的第 2 行插植臂的曲轴臂的键位置朝向插秧箱 1 的排油螺栓的中心。

6）尽量在 2 个轴不转动的位置安装 2 个横向传送次数切换齿轮。

6. 安全（滑跳式）离合器工作转矩的调节

安全（滑跳式）离合器的标准工作转矩为 35.0～50.0N·m，如果该工作转矩过小，则无法取苗；如果该工作转矩过大，则容易导致齿轮、轴和插秧爪损坏，因此必须正确调节。

7. 栽插离合器的调节

将液压栽插离合器手柄置于"栽插"（栽插离合器处于"合"）的位置，然后将插植臂置于上限停止位置。此时，测量栽插离合器销的伸出量（橡胶护罩端部到栽插离合器销后侧的距离），用栽插离合器杆的调节螺母进行调节，如图 2-53 所示，以使栽插离合器销的伸出量达到标准值，标准值为 48.5～49.5mm。

图 2-53　栽插离合器的调节

1—栽插离合器销　2—栽插离合器臂　3—橡胶护罩　4—栽插离合器杆　5—调节螺母

8. 推杆动作距离的检查

检查插秧爪的长度，如果磨损量超过使用限度，则应更换为新品。以插秧爪为新品时的状态 83.0mm 为标准。

在插植臂的下止点使推杆处于伸出状态，测量此时从插秧爪的爪尖到推杆顶端的距离 S（标准值为 −1.0～2.0mm，使用限度为 3.0mm）。

另外，在插植臂的上止点附近，在滑动板取苗前的位置，推杆伸入插植臂侧最深处时，测量从插秧爪爪尖到推杆顶部的距离 L（标准值为 19.0～21.0mm，使用限度为 17.0mm）。如果测得的值 S 超过使用限度，则应分解插植臂内部，更换缓冲橡胶。该测量值 S 超过使用限度时，栽插的秧苗将无法直立，容易向前倾倒。测量值 L 超过使用限度时，应分解插植臂内部，检查推出臂和推出凸轮、链条接头，并更换磨损的部件。该测量值 L 超过使用限度时，插秧爪将无法切实抓取滑动板上的秧苗而使秧苗剩余，导致无法进行下一次纵向传送，从而造成缺秧；或在抓取秧苗后到栽插的过程中，插秧爪无法抓紧要栽插的秧苗，引起浮秧或倒秧，容易导致插秧状态不良，如图2-54所示。

9. 插秧爪与推杆间隙的检查

用塞尺（厚度计）测量插秧爪内侧与推杆的间隙 L（标准值为 0.05 ~ 1.0mm，使用限度为2.0mm）、I（标准值为 0.1 ~ 0.6mm，使用限度为1.0mm）。

测量间隙 L、I 时，用手将推杆前后左右移动，测量其最大值。测得的值超过使用限度时，应分解插植臂内部，检查推杆、引导推杆进出的轴套、尘封、油封、连接推杆与推出臂的链条接头以及插秧爪，如有磨损，则应更换，如图2-55所示。

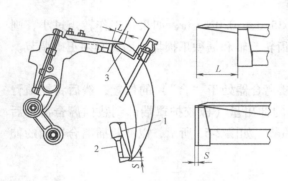 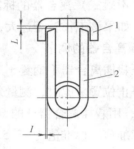

图 2-54　插秧爪爪尖位置　　　　　　　图 2-55　插秧爪爪尖位置
1—插秧爪　2—推杆　3—滑动板　　　　　　　1—插秧爪　2—推杆

10. 推杆推力的检查

插植臂的推杆应能够在压缩弹簧的压力作用下弹出，该项检查用于确认压缩弹簧的疲劳程度，当然，尘封和油封、轴套与推杆的嵌合状态、润滑脂的润滑状态也对其有一定的影响。因此，对于进行过栽插作业的机器，须确认推杆动作距离、插秧爪与推杆的间隙是否处于正常状态后再进行检查。

在发动机停止的状态下，将主变速手柄置于"中立"位置，将液压栽插离合器手柄置于"栽插"位置，将主离合器手柄置于"合"的位置，然后拉动起动把手的拉索。插秧爪在下止点的位置时，推杆弹出后立即停拉起动把手的拉索。

在主离合器手柄处于"离"的位置、主变速手柄处于"中立"位置、液压栽插离合器手柄处于"固定"位置的状态下，起动发动机，将液压栽插离合器手柄置于"上升"位置，使机体上升到最高位置后，关停发动机。将推拉力计放在弹出的推杆上，当推杆被推入20.0mm时，读取推拉力计的值，即推杆的推出负载。标准值为 74.0 ~ 93.0N，如果测量值在标准值以下，则可能是压缩弹簧老化，应及时进行更换，如图2-56所示。

图 2-56　插秧爪爪尖位置
1—插植臂　2—推拉力计

11. 取苗口导杆磨损的检查

测量取苗口导杆角部的磨损量状况（取苗口导杆部的板厚为 3.0mm）。磨损量如果在使用限度（1.5mm）以上，则应更换取苗口导杆。

12. 取苗口导杆与插秧爪间隙的调节

检查插秧爪与推杆的间隙，测量并确认插秧爪的外部宽度 B 为 13.5mm，移动插植臂，直到插秧爪进入滑动板的取苗口导杆中（取苗口导杆的内侧尺寸为 A，标准值是 18.5mm）。检查插秧爪与取苗口导杆两端的间隙 L（2.5mm）是否均等，如果间隙 L 不均等，要进行调整。调整方法是：松动曲轴臂的固定螺母；将固定螺栓的螺栓端面与固定螺母的端面对齐；用锤子等工具敲击端面，松动固定螺栓；改变相对于插秧 1 号轴或插秧 2 号轴的曲轴臂的位置，使间隙 L 均等，将螺钉旋具等插入曲轴臂与供给箱或插秧箱 2 之间，直接用锤子等敲击曲轴臂进行移动，注意不要损伤供给箱或插秧箱 2，如图 2-57 所示。

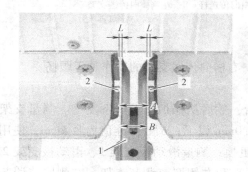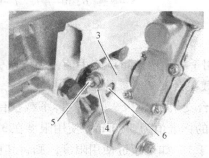

图 2-57　取苗口导杆与插秧爪间隙

1—插秧爪　2—取苗口导杆　3—曲轴臂　4—固定螺母

5—固定螺栓　6—插秧 1 号轴

13. 载秧台的左右横向分配调节

在主变速手柄处于"中立"位置时，起动发动机后，将液压栽插离合器手柄置于"栽插"位置，将主离合器手柄置于"合"的位置，然后使载秧台左右移动；在横向传送动作靠近右端的地方，将主离合器手柄置于"离"的位置，关停发动机；然后再次将主离合器手柄置于"合"的位置，将液压栽插离合器手柄置于"栽插"位置；拉动起动把手，使插秧爪处于最终取苗位置。

测量载秧台的中间材料和取苗口导杆的伸出量尺寸差异 A（标准值为 1.0mm）；按同样的步骤测量插秧爪位于左端时中间材料与取苗口导杆的伸出量尺寸差异。左右伸出量尺寸差异在标准值以外时，应按以下方法进行调整，如图 2-58 所示。

1）松开右侧横向传送支架的 3 个调节螺栓、螺母，在垫圈和横向传送杆之间留出足够的间隙。

2）松开螺母后，用左侧横向传送支架的调节螺栓将伸出量尺寸差异调节到标准值以内。

3）确保右侧横向传送支架的调节螺栓、垫圈的间隙为 0.1mm 左右，然后用紧固螺栓紧

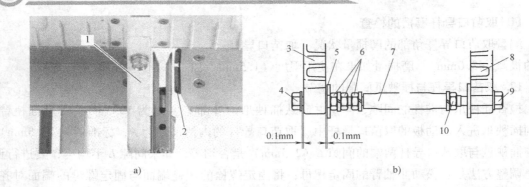

图 2-58　载秧台的左右横向分配

a）取苗口间隙　b）横向分配量调整

1—中间材料　2—取苗口导杆　3—右侧横向传送支架　4、9—调节螺栓

5—垫圈　6、10—螺母　7—横向传送杆　8—左侧横向传送支架

固。

4）用手移动取苗量调节手柄，确认左、右横向传送支架的动作是否顺畅。

14. 载秧台支架磨损的检查

载秧台支架如图 2-59 所示。拆下载秧台，然后从保护梁上拆下支架。测量支架的厚度 A、B（A 的标准值为 5.0mm，使用限度在 3.0mm 以下；B 的标准值为 8.5mm，使用限度在 6.5mm 以下），如果超过使用限度，则将其更换；测量滑动板支架 1、滑动板支架 2 的轴径（标准值为 8.0mm，使用限度在 6.5mm 以下）和左侧取苗调节支架、右侧取苗调节支架的孔径（标准值为 8.0mm，使用限度在 9.0mm 以上），如果超过使用限度，则将其更换。须在支架的支承面、滑动板、滑动板支架 1 和滑动板支架 2 左侧取苗量调节支架、右侧取苗量调节支架的孔部上涂抹润滑脂后再组装。

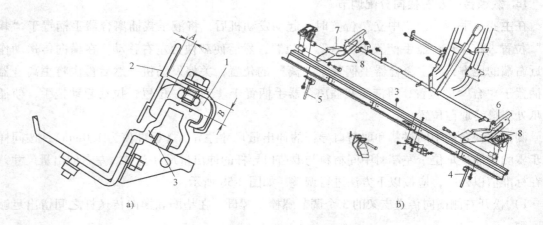

图 2-59　载秧台支架

a）支架间隙　b）支架结构

1—支架　2—保护梁（横梁）　3—滑动板　4—滑动板支架 1　5—滑动板支架 2

6—左侧取苗调节支架　7—右侧取苗调节支架　8—孔部

15. 载秧台滑块磨损量的检查

滑块磨损后，载秧台的前后会出现空隙，导致作业时的噪声增加，另外，载秧台的角度也将变化，使载秧台上的秧苗滑动性变差，因此，要定期检查滑块的磨损量。磨损量的检查方法：拆下载秧台，测量滑块的总宽 A（标准值为 17.0mm，使用限度为 14.0mm）和从中心到端面的距离 B（标准值为 8.5mm，使用限度为 7.0mm）（测量易磨损的载秧台条架与滑动面侧）。如果超过使用限度，则将其反转180°，将非滑动面侧朝向载秧台条架后重新进行组装。如果滑块的两侧均超过使用限度，则将其更换。组装时，在滑块上要涂抹润滑脂，如图2-60所示。

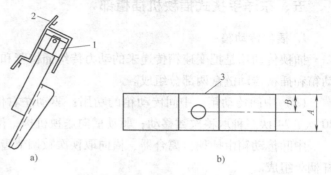

图2-60　载秧台滑块磨损量的检查
a）支架间隙　b）支架结构
1—滑块　2—载秧台条架　3—载秧台条架与滑动面侧

16. 调整纵向传送带的传送量

组装载秧台后，在主变速手柄处于"中立"、主离合器手柄处于"离"位置的状态下起动发动机；将油门手柄置于"低"、取苗量调节手柄置于"最大取苗量"位置后，将栽插离合器手柄置于"栽插"位置，起动插植部；当载秧台移动到左端或右端时，纵向传送带开始动作，测量此时纵向传送带的传送量（纵向传送带的传送量 L 标准值为 15.5～18.5mm）。由于传送带动作后有少许返回，因此测量时应读取最大行程（带返回前）的值（测量6次，取平均值）。超出标准值时，请利用调节螺栓进行调节，如图2-61所示。

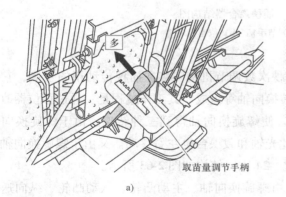

取苗量调节手柄

a）

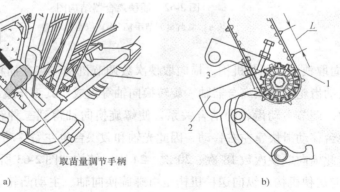

b）

图2-61　纵向传送带的传送量调整
a）取苗量调节手柄　b）取苗量调整
1—纵向传送带　2—单向离合器支座　3—调节螺栓

知识拓展

五、东洋手扶式插秧机插植部

1. 插秧传动箱

插秧传动箱是把变速箱传递来的动力传给插植臂和载秧台等插秧机构。它主要由中间传动箱和插秧传动链盒两部分组成。

（1）中间传动箱　中间传动箱的功用：驱动左右传动链盒；驱动载秧台以横向18次、20次、24次三种取秧次数移动；驱动横向送秧机构；停止或接合动力。

中间传动箱由插秧机离合器、横向取秧次数调节齿轮、螺旋换向轴、光轴和纵向送秧拉杆柄等组成。

1）插秧离合器。插秧离合器如图2-62所示，其安装在插秧离合器轴上。它由插秧离合器轴、牙嵌链轮、从动牙嵌、弹簧等组成。其工作过程是：发动机的动力由变速箱第二轴通过链条传递到插秧机离合器主动牙嵌链轮上，当插秧机离合器手柄分离时，主动牙嵌链轮与插秧机离合器从动牙嵌分离，牙嵌链轮在轴上空转，动力传不到轴上，整个插秧传动机构不转动。当插秧离合器手柄接合时，主动牙嵌链轮与插秧离合器从动牙嵌接合，链轮带动插秧离合器轴旋转，动力传至横向取秧次数调节齿轮。

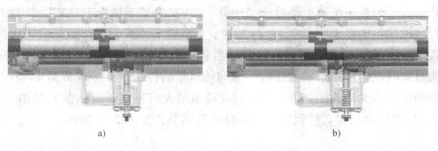

a)　　　　　　　　　　　　　　　　　b)

图2-62　插秧离合器结构图

a）取苗量调节手柄　b）取苗量调整

2）横向取秧次数调节机构。横向取秧次数调节机构安装在插秧传动箱的左侧，它由主动齿轮、从动齿轮、插秧离合器轴、旋转换向轴等组成。其工作过程是：通过移位器改变横向取秧次数，调节主动齿轮的啮合关系，使螺旋换向轴得到三种转速。由于螺旋换向轴旋转，使载秧台移动滑块座左右移动，因此光轴和载秧台也左右移动。又由于螺旋换向轴有三种转速，因此横向取秧次数18次、20次、24次，结构如图2-63所示。

3）纵向送秧机构。纵向送秧机构是由螺旋换向轴、主动凸轮、从动凸轮、纵向送秧拉柄等组成。其工作过程是：螺旋换向轴旋转时，滑块带动滑块座和载秧台沿其沟槽移动，当滑块移动到最左端时，滑块座推动纵向送秧拉柄轴往左移动，使固定在螺旋轴上的主动凸轮带动固定在纵向送秧拉柄轴上的从动凸轮轴旋转一定角度，实现纵向送秧一次，随着滑块座往右移动，送秧拉柄在弹簧力作用下回位，当滑块移动到最右端时，滑块座推动固定在螺旋轴上的主动凸轮往右移动，使其又一次带动拉柄轴上的从动凸轮轴旋转，再一次实现纵向送

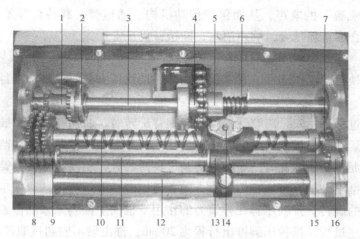

图 2-63　横向传送结构图

1—苗移送驱动齿轮　2—挡圈　3—插植动力输入轴　4—输入链轮

5—插植离合器凸轮　6—插植离合器弹簧　7—凸轮轴弹簧

8—苗移送从动齿轮焊接组合　9—苗移送臂弹簧　10—导向

凸轮轴　11—苗移送从动轴　12—苗移送滑杆　13—导向件

14—导向夹子　15—苗移送原动凸轮　16—苗移送从动凸轮

秧。随着滑块座往左移动，主动凸轮在弹簧力作用下回位。滑块座每移动到左或右任意一端一次，送秧拉柄轴摆动一次，纵向送秧一次。

（2）插秧传动链盒　插秧传动链盒的功用是把插秧离合器传递来的动力传递给插植臂。插秧传动链盒左右各一个，每一个都是由壳体、链轮、链条、压片、安全离合器和曲柄臂等组成。

左右插秧传动链盒的主动链轮与插秧离合器轴通过键联接，当插秧离合器轴旋转时，主动链轮带动链条和从动链轮旋转，从动链轮又带动轴旋转，如图 2-64 所示。

在左右插秧传动链盒里，各设有一个牙嵌安全离合器，它的功用是对插秧传动部件、插植臂等起安全保护作用。牙嵌安全离合器主要由轴、链轮、从动牙嵌、弹簧等组成。

安全离合器的工作原理：在插植臂正常工作时，由插秧离合器传递来的动力，通过传动链条传递给安

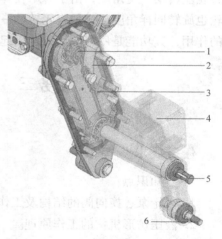

图 2-64　插秧传动链盒图

1—链轮　2—链条张紧弹簧板　3—链条

4—侧支架　5—传动轴　6—秧爪连接轴

全离合器链轮，由于安全离合器链轮的牙嵌与从动牙嵌在弹簧力作用下啮合，动力经过安全离合器牙嵌传递给安全离合器轴，再由轴传递给曲拐臂，使插植臂工作。当插植臂在前板秧口处遇到石块、木棍、铁钉等卡住不动时，安全离合器轴也被迫停止转动，由于从动牙嵌与轴是花键联接，所以从动牙嵌也不转动，此时链条仍旧带动链轮旋转，牙嵌离合器克服弹簧

力而分离发出"嘎嘎"的响声，从而保护传动机构、插植臂、载秧台等不受损坏。当故障排除后，安全离合器重新啮合，响声消除，插植臂仍正常工作。

2. 插植臂

插植臂是插秧机的工作部件，它主要由壳体、推秧压脚、取秧爪、密封件和连接件等组成。

插植臂工作过程是：安全离合器轴带动曲拐臂旋转时，曲拐臂就带动插植臂按一定轨迹摇动。当取秧爪运动到前板秧门口时，将秧苗从秧苗片上取下，并带着秧苗向下运动，当取秧爪和秧苗插入泥土中后，此时凸轮刚好转到推秧曲线处，驱动压臂在弹簧力的作用下，带动推秧压脚向下推出，把秧苗按在泥土中。随着插植臂的继续旋转，取秧爪逐渐从泥水中升起来，由于凸轮的旋转，推秧压脚在弹簧力的作用下也向上回到原来的位置。插植臂每旋转一周重复一次上述过程。推秧压脚推出行程为 20mm，推出后不应超过取秧爪尖。

3. 载秧台

载秧台是装载秧苗片、纵向和横向适时送秧的机件。它主要是由载秧台、前板、纵向送秧机构、压苗器等组成。在载秧台的后面设有纵向送秧机构，送秧胶轮从载秧台窗口处露出。当载秧台每移动到左、右任意一端时，纵向送秧一次。纵向送秧机构主要由送秧胶轮、胶轮轴、棘轮、拉杆等组成。

纵向送秧机构的工作情况是：当送秧拉杆在中间传动箱控制下拉动时（拉杆如何拉动的情况已在中间传动箱处叙述，这里就不再重复），拉杆中间轴上的拨叉柄拨动棘轮座，使棘轮座转动一定角度，由于棘爪在弹簧力作用下卡在棘轮上，于是棘轮带动棘轮轴和送秧胶轮也旋转同样角度，送秧胶轮转动一次，纵向送秧一次。在载秧台上的压苗器还可起挡秧板的作用，其功能是用来防止秧苗拱起。

任务三　手扶式插秧机液压系统

任务要求

☞ 知识点：

1. 齿轮泵、换向阀的结构及工作原理。
2. 液压仿形机构的工作原理。

☞ 技能点：

掌握手扶式插秧机液压系统常见故障现象分析及排除方法。

任务分析

液压系统是手扶式插秧机重要的组成部分，它主要完成手扶式插秧机行驶及在田间转弯时使机体自动升降和保持机体平衡的功能，并设传感机构，以适应不同状况的田块要求。本任务学习重点是齿轮泵、换向阀等的结构及工作原理以及液压仿形机构的工作原理，要求学生在学习后能够对手扶式插秧机液压系统常见故障现象进行分析及排除。

相关知识

一、基本原理

液压装置的主要功用是插秧机行驶和在田间转弯时，使机体上升，在插秧作业时使机体自动升降。它主要由液压泵、分配器、液压缸和传动部分组成，东洋 PF455 和井关 PF451 插秧机安装的是单作用油压装置。

起动发动机后，液压泵开始工作，吸入变速箱（工作油箱）中的液压油（工作油）。液压油经过过滤器过滤后进入液压泵，然后被泵送到升降控制阀组件的 P 端口。升降旋转阀通过外部操作液压离合器手柄及中央浮舟进行油路的切换。液压油流出 B 端口时，液压缸的杆伸出，机体上升；液压油流出 A 端口时，液压缸的杆缩进，机体下降，如图 2-65 所示。

液压回路中的最高工作压力由溢流阀控制，压力控制范围为 6.9～7.4MPa。

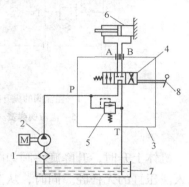

图 2-65　液压回路图

1—过滤器　2—液压泵　3—升降控制
阀组件　4—升降旋转阀　5—溢流阀
6—液压缸　7—变速箱　8—外部操作

二、各种液压装置的功能与构造

1. 过滤器

本液压系统采用的过滤器是一种过滤网眼较粗的滤网。该滤网的网眼为 60 目，也就是说，每英寸（约 2.54cm）上有 60 个网眼，一个网眼的一边约为 0.42mm。

2. 液压泵

液压泵是齿轮泵，如图 2-66 所示。驱动齿轮旋转后，从动齿轮也跟着旋转，齿轮泵的内部产生负压，液压油自 S 端口被吸入，通过齿轮泵部的内周，然后通过排出端口被排出。另外，该液压泵从动齿轮的中空部分为油箱端口 T，进入该端口的液压油将返回变速箱。

3. 升降控制阀

机体固定时，从 P 端口流入的液压油通过升降旋转阀内部的中空部进入 T_1 端口，然后通过液压泵中的 T 端口返回变速箱（液压油箱）。

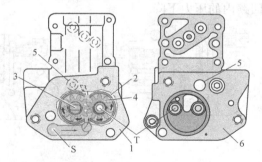

图 2-66　液压泵

1—向变速齿轮箱上安装的面　2—齿轮泵部
3—驱动齿轮　4—从动齿轮　5—排出端口
6—升降控制阀组件的安装面
S—吸入端口　T—油箱端口

与液压缸相连的 A 接口和 B 接口通过升降旋转阀被关闭，由于液压油不再流动，因此液压缸被固定，机体也保持不动，如图 2-67 所示。

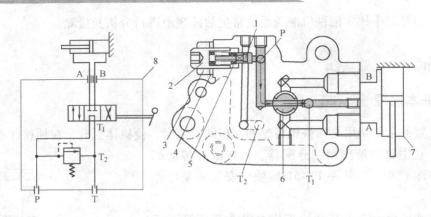

图 2-67　升降控制阀

1—溢流阀的提升阀　2—压力调节螺钉　3—螺母　4—带橡胶的垫圈
5—溢流阀弹簧　6—升降旋转阀　7—液压缸　8—升降控制阀组件

　　机体上升时，升降旋转阀如图 2-68a 所示，旋转时，来自 P 端口的液压油进入 B 端口，流入液压缸的无杆腔。同时，从液压缸有杆腔排出的液压油从 A 端口进入，通过升降旋转阀进入 T_1 端口，然后通过液压泵中的 T 端口返回变速箱（液压油箱）。

　　机体下降时，升降旋转阀如图 2-68b 所示，旋转时，来自 P 端口的液压油进入 A 端口，流入液压缸的有杆腔。同时，从无杆腔排出的液压油从 B 端口进入，通过升降旋转阀进入 T_1 端口，然后通过液压泵中的 T 端口返回变速箱（液压油箱）。

　　溢流阀工作时如图 2-68c 所示，液压缸的活塞到达移动端（上升端或下降端）后，由于液压油没有可以流动的通路，因此液压回路内的压力升高。当该压力达到溢流阀的设定压力（6.9～7.4MPa）以上时，溢流阀的提升阀压缩溢流阀弹簧，溢流阀的提升阀阀座打开，通过该阀座的液压油进入 T_2 端口，然后通过液压泵中的 T 端口返回变速箱（液压油箱），液压回路内的压力下降。

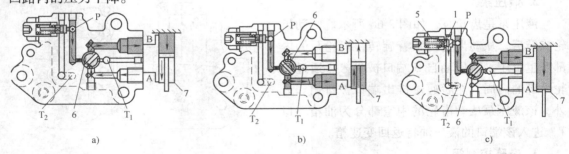

图 2-68　升降控制阀工作过程

a）机体上升时　b）机体下降时　c）溢流阀工作时

4. 液压缸

　　液压缸通过活塞杆使车轮升降，从而使机体升降。该液压缸为双动型单杆式液压缸。

三、液压油流向

1. 机体固定时

起动发动机后，带、带轮、输入轴齿轮和液压泵开始工作。通过液压泵内部产生负压，变速箱内的液压油被吸入，经过过滤器，通过变速箱盖中的油路，到达液压泵。从液压泵泵送出的液压油从 P 端口出来后，进入升降控制阀组件的 P 端口。由于升降旋转阀处于固定（中立）位置，因此液压油通过升降旋转阀的中空部，流经 T_1 端口，通过液压泵从动齿轮中空部 T 端口，返回变速箱，如图 2-69a 所示。

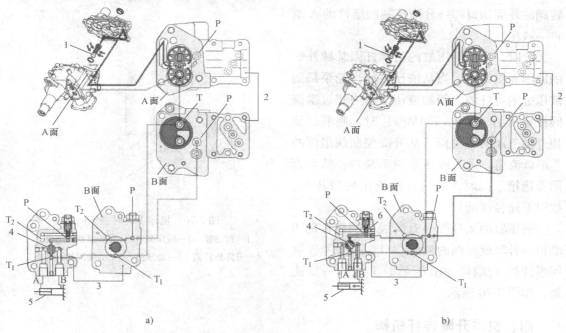

图 2-69　液压油流向

a）机体固定时　b）机体上升时

1—过滤器　2—液压泵　3—升降控制阀组件　4—升降旋转阀　5—液压缸　6—溢流阀的提升阀

2. 机体上升时

机体上升时，从机体左侧（有液压感测调节和株距调节把手的一侧）来看，升降旋转阀按顺时针方向转动时，则形成上升的液压回路。进入液压缸的液压油按以下路径流动：

过滤器→液压泵的齿轮泵部→液压泵的 P 端口→升降控制阀组件的 P 端口→升降旋转阀的外周切口部→升降控制阀组件的 B 端口→液压缸。

此时，如果因某种外来的原因导致液压缸的活塞杆被锁定，当从液压泵的齿轮泵部到液压缸的无杆腔之间的液压油压力超过溢流阀设定压力（6.9～7.4MPa）时，则液压油顶开溢流阀的提升阀，从升降控制阀组件的 T_2 端口流出，进入液压泵的 T 端口，然后返回变速箱。同时，从液压缸流出的液压油，按以下途径流动：

液压缸的有杆腔→升降控制阀组件的 A 端口→升降旋转阀的外周切口部→升降控制阀

组件的 T_1 端口→液压泵的 T 端口→变速箱，如图 2-69b 所示。

3. 机体下降时

机体下降时，从机体左侧（有液压感测调节和株距调节把手的一侧）来看，升降旋转阀按逆时针方向转动时，则形成下降的液压回路。进入液压缸的液压油，按以下路径流动：

过滤器→液压泵的齿轮泵部→液压泵的 P 端口→升降控制阀组件的 P 端口→升降旋转阀的外周切口部→升降控制阀组件的 A 端口→液压缸。

此时，如果液压缸的活塞杆因某种外来的原因而被锁定，当从液压泵的齿轮泵部到液压缸的有杆腔之间的液压油压力超过溢流阀设定压力（$6.9 \sim 7.4\mathrm{MPa}$）时，则液压油顶开溢流阀的提升阀，从升降控制阀组件的 T_2 端口流出，进入液压泵的 T 端口，然后返回变速箱。同时，从液压缸流出的液压油，按以下途径流动：

液压缸的无杆腔→升降控制阀组件的 B 端口→升降旋转阀的外周切口部→升降控制阀组件的 T_1 端口→液压泵的 T 端口→变速箱，如图 2-70 所示。

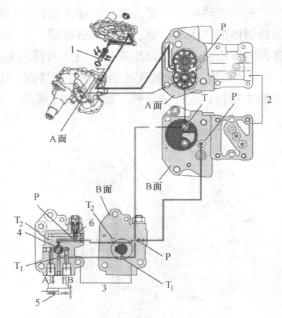

图 2-70　机体下降时油流向

1—过滤器　2—液压泵　3—升降控制阀组件
4—升降旋转阀　5—液压缸　6—溢流阀的提升阀

四、机体升降连杆机构

1. 利用液压栽插离合器手柄进行的升降操作

将液压栽插离合器手柄置于"上升""下降"位置时，插秧机的车轮在液压力的作用下上升、下降。也就是说，将液压栽插离合器手柄置于"上升"位置时，车轮往下降，机体向上升；而将其置于"下降"位置时，车轮向上升，机体往下降。将液压栽插离合器手柄置于"上升""下降"位置时，液压杆前后移动，此时，手动臂以手动臂的转动支点为中心转动，驱动升降旋转阀臂的转动轴环轴。该升降旋转阀臂的转动支点为升降旋转阀，升降旋转阀转动，切换液压油的流向，从而形成机体上升和下降的液压回路。升降旋转阀臂的销轴被液压感测调节弹簧拉伸，如果手动臂的右前端上升到升侧，则转动轴环轴在液压感测调节弹簧缩回的拉力作用下上升，从而形成"下降"回路；如果手动臂的右前端下降到下降侧，则手动臂的力大于液压感测调节弹簧的张力，从而按下转动轴环轴，形成"上升"回路，如图 2-71 所示。

2. 利用中央浮舟的上下动作进行的机体升降（自动自由浮动机构）

（1）中央浮舟的上下动作参与机体升降的连杆机构　传感器杆将中央浮舟的上下动作

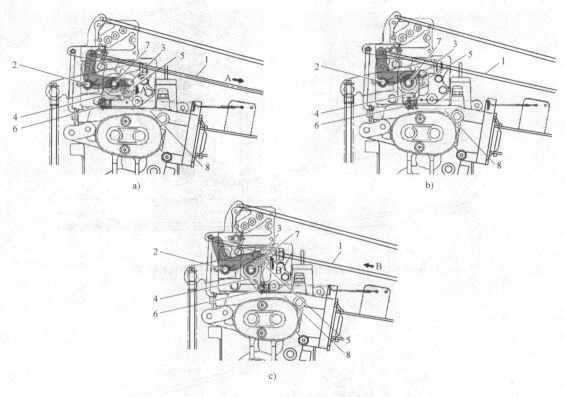

图 2-71　机体升降连杆机构

a）上升状态　b）中立状态　c）下降状态

1—液压杆　2—手动臂的转动支点　3—手动臂　4—升降旋转阀臂　5—转动轴环轴（升降旋转阀臂）
6—销轴（升降旋转阀臂）　7—升降旋转阀　8—液压感测调节弹簧　A—操作至液压栽插离合器手柄
"上升"位置　A′—机体上升方向　B—操作至液压栽插离合器手柄"下降"位置
B′—机体下降方向

传到传感器臂。也就是说，中央浮舟的上下动作通过传感器杆弹簧和传感器臂，使升降旋转阀臂的转动轴环轴上下动作。相对于中央浮舟的上下动作，传感器杆弹簧通常不压缩也不伸出，而将中央浮舟的上下动作切实传到传感器臂。但当升降旋转阀臂处于上升或下降的端部时，该弹簧则稍微伸缩，以起到缓冲作用，如图 2-72 所示。

（2）主离合器手柄参与机体升降的连杆机构

1）将主离合器手柄置于"合""离"时，主离合器杆左右移动，主离合器臂 2 以转动支点为中心转动。此时，主离合器臂的下前端与传感器臂的牵引销之间的距离发生变化。传感器臂以传感器臂的转动支点为中心转动。

主离合器手柄位于"离"的位置时，主离合器臂的下前端向左侧（前侧）移动，与传感器臂的牵引销之间的距离缩短。当中央浮舟悬在空中时，在中央浮舟的重力作用下，传感器臂向逆时针方向转动。但当手动臂处于"几乎水平状态"的位置（液压栽插离合器手柄为"固定"位置）时，机器则不下降。手动臂呈逆时针旋转时，升降旋转阀臂也呈逆时针

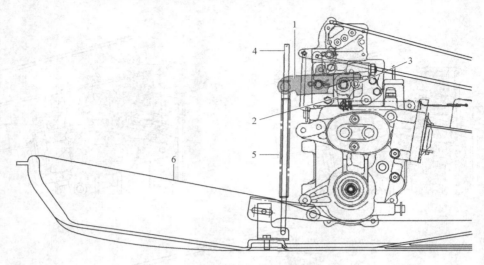

图 2-72　自动自由浮动机构

1—传感器臂　2—升降旋转阀臂　3—转动轴环轴（升降旋转阀臂）

4—传感器杆　5—传感器杆弹簧　6—中央浮舟

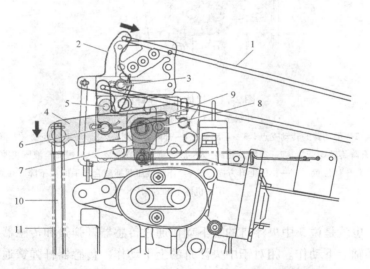

图 2-73　主离合器手柄参与机体升降的连杆机构（一）

1—主离合器杆　2—主离合器臂2　3—转动支点（主离合器臂2）

4—传感器臂　5—牵引销（传感器臂）　6—转动支点（传感器臂）

7—升降旋转阀臂　8—转动轴环轴（升降旋转阀臂）

9—手动臂　10—传感器杆　11—传感器杆弹簧

转动，机体下降。手动臂呈顺时针旋转时，升降旋转阀臂也呈顺时针转动，在液压缸伸到底以前，机体上升，如图 2-73 所示。此时图 2-73 中各主要部件的状态是：主离合器处于"离"的位置；中央浮舟处于"悬空状态"的位置；传感器臂处于"右前端上升状态"的位置；液压插秧离合器手柄处于"固定"位置；手动臂处于"几乎水平状态"的位置。

2）当主离合器处于"离"的位置；中央浮舟处于"接地状态"的位置；传感器臂处于"几乎水平状态"的位置；液压插秧离合器手柄处于"固定"位置；手动臂处于"几乎水平状态"的位置，中央浮舟接触田块表面（下降状态）时，牵引销和主离合器臂的下前端接触，因而无法上升。但当手动臂呈顺时针旋转时，升降旋转阀臂也呈顺时针转动，机体上升，如图 2-74 所示。

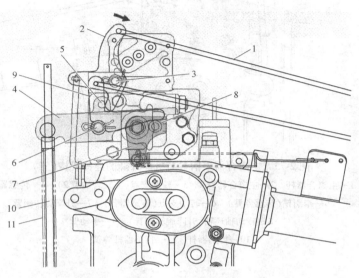

图 2-74　主离合器手柄参与机体升降的连杆机构（二）

1—主离合器杆　2—主离合器臂 2　3—转动支点（主离合器臂 2）

4—传感器臂　5—牵引销（传感器臂）　6—转动支点（传感器臂）

7—升降旋转阀臂　8—转动轴环轴（升降旋转阀臂）　9—手动臂

10—传感器杆　11—传感器杆弹簧

3）当主离合器处于"合"的位置；中央浮舟处于"悬空状态"的位置；传感器臂处于"右前端上升状态"的位置；液压插秧离合器手柄处于"固定"位置；手动臂处于"几乎水平状态"的位置时，主离合器臂的下前端向右侧（后侧）移动，从牵引销脱落，传感器臂变为自由状态。

当中央浮舟悬在空中时，在中央浮舟的重力作用下，传感器臂向逆时针方向转动。但当手动臂处于"几乎水平状态"的位置（液压栽插离合器手柄为"固定"位置）时，机体则不下降。手动臂呈逆时针旋转时，升降旋转阀臂也呈逆时针转动，机体下降。如果手动臂呈顺时针旋转，处于"上升"位置，则升降旋转阀臂也呈顺时针转动，在液压缸伸到底以前，机体上升，如图 2-75 所示。

4）当主离合器处于"合"的位置；中央浮舟处于"接地状态"的位置；传感器臂处于"右前端下降状态"的位置；液压插秧离合器手柄处于"固定"位置；手动臂处于"几乎水平状态"的位置，中央浮舟接触田块表面（下降状态）时，由于牵引销远离主离合器臂的下前端，因此传感器臂直接驱动转动轴环轴。因此，当中央浮舟被顶起时，传感器臂呈顺时针旋转，如果其右前端压下转动轴环轴，则机体上升，如图 2-76 所示。

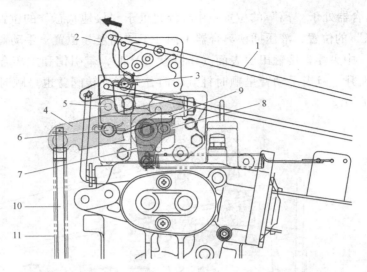

图2-75　主离合器手柄参与机体升降的连杆机构（三）

1—主离合器杆　2—主离合器臂2　3—转动支点（主离合器臂2）　4—传感器臂
5—牵引销（传感器臂）　6—转动支点（传感器臂）　7—升降旋转阀臂
8—转动轴环轴（升降旋转阀臂）　9—手动臂
10—传感器杆　11—传感器杆弹簧

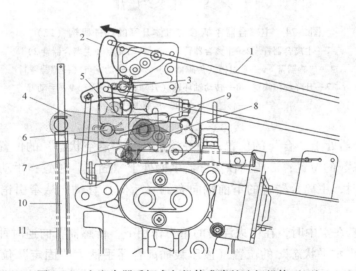

图2-76　主离合器手柄参与机体升降的连杆机构（四）

1—主离合器杆　2—主离合器臂2　3—转动支点（主离合器臂2）
4—传感器臂　5—牵引销（传感器臂）　6—转动支点（传感器臂）
7—升降旋转阀臂　8—转动轴环轴（升降旋转阀臂）
9—手动臂　10—传感器杆　11—传感器杆弹簧

3. 液压栽插离合器手柄、主离合器手柄与机体升降的关系

液压栽插离合器手柄、主离合器手柄与机体升降的关系见表2-1。

表 2-1 液压栽插离合器手柄、主离合器手柄与机体升降的关系

液压栽插离合器手柄的位置	手动臂的位置	主离合器手柄的位置	传感器臂的状态	机体的升降
上升	手动臂呈顺时针旋转，压下转动轴环轴（旋转阀上升液压回路）	离	水平或右前端上升	上升
		合	自由	上升
固定	转动轴环轴位置固定（旋转阀的中立液压回路）	离	水平或右前端上升	固定
		合	自由	固定（但如果用手顶起悬空的中央浮舟，则机体上升）
下降（栽插离合器"离"）或栽插（栽插离合器"合"）	手动臂呈逆时针旋转，转动轴环轴被液压感测调节弹簧顶起（旋转阀下降液压回路）	离	水平或右前端上升	下降（接地后固定）
		合	自由	在中央浮舟的上下动作下，机体升降

4. 自动自由浮动机构

液压栽插离合器手柄处于"下降"位置（栽插离合器为"离"）或"栽插"位置（栽插离合器为"合"），且主离合器手柄处于"合"的位置时，自动自由浮动机构自动进行机体升降。当液压栽插离合器手柄处于"下降"位置（栽插离合器为"离"）或"栽插"位置（栽插离合器为"合"）时，手动臂处于离开升降旋转阀臂的转动轴环轴上侧的位置。

另外，主离合器手柄处于"合"的位置时，主离合器臂的下前端与传感器臂的牵引销分离，处于互不接触的位置。实际在田块中，机体下降，中央浮舟处于与田块表面接触的状态。因此，将中央浮舟的上下动作传到传感器臂的传感器杆与液压感测调节弹簧的张力持平，升降旋转阀臂开始转动。下面分析一下中央浮舟处于田块表面凸起部、中央浮舟被向上顶起（图 2-77）时的情况。传感器杆按压传感器臂的力大于液压感测调节弹簧的张力，因此，传感器臂将压下转动轴环轴，升降旋转阀臂呈顺时针旋转，在升降旋转阀的作用下，形成使机体上升的液压回路。机体上升后，田块表面对中央浮舟底部的推力（反作用力）将减弱。因此，在传感器杆的作用下，按压传感器臂的力将减弱，由于液压感测调节弹簧的张力变大，升降旋转阀臂将向逆时针方向转动。最终，在传感器杆按压传感器臂的力与液压感测调节弹簧的张力持平的位置，也就是当升降旋转阀处于形成固定机体的中立液压回路位置时，机体停止上升，如图 2-77 所示。

下面分析一下相反的情况，即中央浮舟进入田块表面的凹陷部、中央浮舟下沉（图 2-78）时的情况。

此时，传感器杆按压传感器臂的力小于液压感测调节弹簧的张力。因此，转动轴环轴将顶起传感器臂，升降旋转阀臂呈逆时针旋转，在升降旋转阀的作用下，形成使机体下降的液压回路。机体下降后，田块表面对中央浮舟底部的推力（反作用力）将变大。由于传感器杆按压传感器臂的力将变大，大于液压感测调节弹簧的张力，因此升降旋转阀臂将向顺时针方向转动。最终，稳定在传感器杆按压传感器臂的力与液压感测调节弹簧的张力平衡的位置。

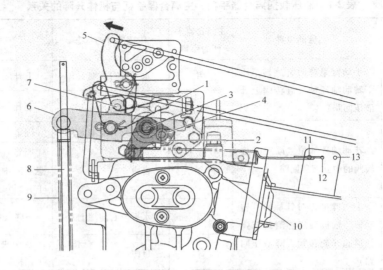

图 2-77 浮舟上升时自动自由浮动机构工作情况

1—手动臂 2—升降旋转阀臂 3—升降旋转阀 4—转动轴环轴（升降旋转阀臂）

5—主离合器臂 2 6—传感器臂 7—牵引销（传感器臂） 8—传感器杆

9—传感器杆弹簧 10—液压感测调节弹簧 11—液压感测调节

"软"的位置 12—液压感测调节"标准"位置

13—液压感测调节"硬"的位置

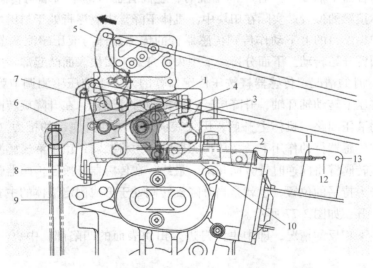

图 2-78 浮舟下沉时自动自由浮动机构工作情况

1—手动臂 2—升降旋转阀臂 3—升降旋转阀 4—转动轴环轴（升降旋转阀臂）

5—主离合器臂 2 6—传感器臂 7—牵引销（传感器臂） 8—传感器杆

9—传感器杆弹簧 10—液压感测调节弹簧 11—液压感测调节

"软"的位置 12—液压感测调节"标准"位置

13—液压感测调节"硬"的位置

当升降旋转阀处于形成固定机体的中立液压回路的位置时，机体停止下降。相对于中央浮舟的上下动作，传感器杆弹簧通常不压缩也不伸出，而将中央浮舟的上下动作切实传到传感器臂。但当升降旋转阀臂处于上升或下降的端部时，该弹簧则稍微伸缩，以起到缓冲作用。根据传感器杆下侧的卡销的插入位置，传感器杆弹簧的缓冲性能将发生变化，一般将其插在最上侧的孔中使用。同时，液压感测调节弹簧的张力也将根据弹簧挂钩的勾挂位置（"软""标准""硬"）而发生变化。也就是说，在液压感测调节"硬"的位置，中央浮舟微小的上升动作不会导致机体上升，要想使机体上升，则需要较大幅度的上升动作。而当处于"软"的位置时，即使是中央浮舟的微小动作，机体也将上升。自动自由浮动机构是相对于检测田块表面软硬度和凹凸程度的中央浮舟的上下动作，自动利用液压力使机体升降，始终保持机体在田块表面滑动的机构。通过这一机构，可确保均衡的栽插深度，防止因浮舟推泥而导致邻行秧苗倒伏等现象的发生。

▶▶ 任务实施

五、组件的分离及各部分的分解与组装

1. **液压装置**（液压泵与升降控制阀）**的组装与分离**

（1）液压装置的组装　液压泵与升降控制阀如图 2-79 所示。组装时，须在传感器臂和手动臂、主离合器臂 2 的转动支点上充分涂抹润滑脂。组装液压装置（液压泵和升降控制阀）时，须在变速箱和垫圈之间涂抹少量的润滑脂或密封胶，以防止垫圈偏移。如果垫圈偏移，则油路将被堵塞，从而影响机体的升降，因此必须注意。螺栓的变速箱侧的内螺纹螺钉部由于要通过齿轮箱内部，因此须在涂抹密封胶后再组装。将升降旋转阀臂组装到升降旋转阀上时，可按 180°（半圈）的间隔进行组装，但组装到任何位置均可。

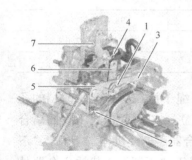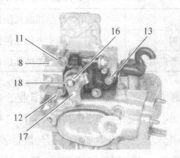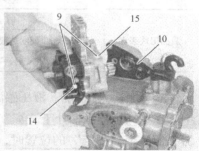

图 2-79　液压泵与升降控制阀

1、2、3、4—卡销　5—传感器臂　6—手动臂　7—主离合器臂 2　8—升降支点金属件　9—液压装置（液压泵与升降控制阀）　10—垫圈　11、12、13—螺栓　14—升降控制阀　15—液压泵　16—外卡环　17—升降旋转阀臂　18—升降旋转阀

（2）液压泵与升降控制阀拆装　升降控制阀如图 2-80 所示。拆下液压泵与升降控制阀的安装螺栓，将其分离，拆卸升降控制阀时，首先松动升降控制阀的螺母，拆下压力调节螺钉，此时，须在分解前测量从螺母端面到螺钉前端的长度，以便在重新组装时进行参考，拔

出溢流阀弹簧与溢流阀的提升阀，拔出升降旋转阀。

（3）液压泵拆装　液压泵为精密仪器，因此尽量不要分解。分解时，不得使用钢丝刷或砂纸。分解后，须用液压油清洗干净，充分涂抹液压油后再组装，密封件须更换为新品。

2．检查与调整

（1）机体升降

1）相对于田块耕地深度而进行的车轮位置调节。在主变速手柄处于"中立"位置、主离合器手柄置于"离"的位置时，起动发动机后，将液压栽插离合器手柄置于"上升"位置，然后在最

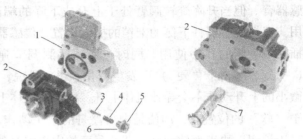

图 2-80　升降控制阀

1—液压泵　2—升降控制阀　3—溢流阀的提升阀　4—溢流阀弹簧　5—压力调节螺钉　6—螺母　7—升降旋转阀

高上升位置将液压栽插离合器手柄置于"固定"位置；关停发动机；由 1 个人抬起调整侧的转向手柄部，在单侧车轮悬空的状态下将车体支起，另一个人在车轮调节连接部拆下卡销，然后拔出连接销。关于车轮调节连接部的孔位置，应参照表 2-2 进行设定。

表 2-2　销孔位置与耕深的关系

标准位置的销孔位置	田块耕地深度为 5.0～30.0cm 时
深田位置的销孔位置	田块耕地深度为 18.0～40.0cm 时
特深田位置的销孔位置	田块耕地深度为 20.0～45.0cm 时

2）液压感测调节。根据栽插田块表面的软硬状态，切换液压感测调节弹簧的勾挂位置，见表 2-3。

表 2-3　液压感测调节弹簧位置关系

	"软"时	使用机体前侧的孔位置	98.0～157.0N
栽插田块表面	表面硬度一般时	使用机体中央的孔位置	118.0～167.0N
	"硬"或凹凸不平严重时	使用机体后侧的孔位置	147.0～186.0N

3）机体升降性能。液压感测负载：由 2 个人进行作业，将绳子拴在中央浮舟前端的孔中，在主离合器手柄处于"离"的位置、主变速手柄处于"中立"的位置、液压栽插离合器手柄处于"固定"的位置时，起动发动机。操作液压栽插离合器手柄使机体"上升""下降"，同时进行 3～5min 的暖机运行。将液压栽插离合器手柄置于"下降"（栽插离合器处于"离"）的位置后，将主离合器手柄置于"合"的位置。操作油门手柄，使发动机转速达到中速（2000～2500r/min）。握住转向手柄，使机体保持水平。将弹簧秤拴在中央浮舟前端孔上的绳子上，向上拉起弹簧秤（注意不要使绳子碰到机体），测量机体开始上升时弹簧秤的负载。将液压感测调节弹簧的挂钩位置切换到"软""标准""硬"的位置，测量在各位置的弹簧秤负载，在液压感测弹簧挂接不同位置时，弹簧秤测出的拉力见表 2-3。在标准值以外时，应更换液压连杆类、车轮升降部（摆动箱和车轮调节连接部）或液压相关部件（过滤器、液压泵、升降控制阀、液压缸）。

（2）机体升降速度　使载秧台处于没有放置重物（秧苗等）的状态。在主离合器手柄处于"离"的位置、主变速手柄处于"中立"的位置、液压栽插离合器手柄处于"固定"的位置时，由1个人起动发动机。操作液压栽插离合器手柄使机体"上升""下降"，同时进行3～5min的暖机运行。操作油门手柄，使发动机转速达到最高速（3000r/min）。1个人握住转向手柄，使机体保持水平，然后操作液压栽插离合器手柄，使机体上升。如果机体升降或固定不可靠，则应调节与液压栽插离合器手柄联动的液压杆的螺母。使机体处于"最低下降"位置，将液压栽插离合器手柄操作到"上升"位置后，测量机体的上升时间（标准值为1.9s以下）。使机体处于"最高上升位置"，将液压栽插离合器手柄操作到"下降"位置后，测量机体的下降时间（标准值为4.7s），没有需要调节的部位。如果测量结果与标准值有很大不同，则应检查液压连杆、车轮升降部（摆动箱和车轮调节连接部）是否磨损，如有异常磨损，则应更换。另外，即使将液压连杆更换为新品仍不能解除异常时，请将液压相关部件（过滤器、液压泵、升降控制阀、液压缸）更换为新品。

（3）溢流阀开阀压力的确认和调节　拆下液压缸前侧的接头螺栓，换上测量压力用的接头螺栓。准备一个最高测量压力为10MPa（100kg/cm^2）左右的压力测量表，将其安装在压力测量用的接头螺栓上。在主离合器手柄处于"离"的位置、主变速手柄处于"中立"的位置、液压栽插离合器手柄处于"固定"的位置时，起动发动机。操作液压栽插离合器手柄使机体"上升""下降"，同时进行3～5min的暖机运行。操作油门手柄，使发动机转速达到最高速（3000r/min）。操作液压栽插离合器手柄使机体"上升"，使液压栽插离合器手柄保持在"上升"位置，此时，溢流阀的提升阀开启，测量此时的压力。压力测量表的值在标准值以外时，应松动螺母，转动压力调节螺钉或紧固螺母，调节压力使其在标准值以内。

六、故障诊断

手扶式插秧机液压系统常见故障现象原因及排除措施见表2-4。

表2-4　手扶式插秧机液压系统常见故障现象原因及排除措施

现　　象	原　　因	排除措施
机体不上升或上升速度异常慢	液压杆（升降）的调整不良	调整
	油量不足	补充
	过滤器滤网网眼堵塞	清洗
	液压装置（液压泵升降控制阀）不良	更换
	液压缸不良	更换
机体不下降或下降速度异常慢	液压杆（升降）调整不良	调整
	液压装置（液压泵升降控制阀）不良	更换
	液压缸不良	更换
自动（自动自由浮动）上升、下降动作不良	液压杆（升降）调整不良	调整
	传感器臂、升降旋转阀臂、传感器杆的动作不良	清洗加油
	液压感测调节弹簧不良	更换

（续）

现　　象	原　　因	排除措施
自动（自动自由浮动）上升、下降动作不良	油量不足	补充
	过滤器滤网网眼堵塞	清洗
	液压装置（液压泵升降控制阀）不良	更换
手柄在固定位置时机体自然下落	液压杆（升降）调整不良	调整
	液压缸不良	更换
	从配管或接头螺栓漏油	拧紧或更换

任务四　手扶式插秧机的调整与保养

任务要求

☞知识点：

1. 手扶式插秧机的维护及操作要领。
2. 手扶式插秧机各参数的调整方法。

☞技能点：

1. 掌握手扶式插秧机各手柄的使用方法及调节要领。
2. 久保田插秧机使用过程中应采取的安全措施和应注意的问题。

任务分析

　　近几年来，由于机手操作不当或其他诸多人为原因，时有机械故障和人身伤害事故发生，插秧机的机手在插秧期到来前要充分了解插秧机的结构和调整方法，熟练掌握操作要领，并且要按时进行维护保养，这是延长机器使用寿命、减少故障，使机器始终保持良好工作状态的重要环节。

相关知识

一、运转前的准备工作

1. 机器的准备

　　使用前，请务必检查机油、燃料的量是否在规定的范围内。补充燃料和机油后，应切实紧固燃料盖和加油栓，并将洒落的燃料和机油擦拭干净。运行前应对制动器、离合器和安全装置等进行日常检查，如有磨损或损坏部件，应予以更换。另外，还应定期检查螺栓和螺母是否松动。蓄电池、消声器、发动机、燃料箱、带外罩内以及配线部周围如有脏物或燃料粘附、泥土堆积等，有可能引发火灾，应进行日常检查，并清除。

2. 秧苗的准备

　　苗床盘根良好，苗床厚度为 2~3cm；苗高 10~20cm；每箱的播种量为 150~180g（催芽种），如图 2-81 所示。

3. 田块的准备

泥脚深度是指单脚下田，脚陷入泥里的深度，应为 10～30cm；田块平均水深以 1～3cm 为宜；土壤粘度不应太大；土壤的砂质较少；田块内的夹杂物少。

二、插秧机各部分操作调整

1. 株距调整

久保田 SPW-48C 有 12cm、14cm、16cm、18cm、21cm 五种株距可调，对应的每 3.3m² 所插的株数为 90、80、70、60、50 株，如图 2-82 所示。

注意：株距调节杆在切换时应确认是否切换到位，如不到位将会导致插植部不工作。

更换株距齿轮时，主变速手柄应置于"中立"或"停止"位置，插秧离合器手柄置于"固定"位置，主离合器手柄在"合"的状态；装配时应添加润滑油后再装上盖板，这时，如果螺杆拧得过紧会导致盖板变形，泥水浸入，因此要严格遵守紧固力矩，螺栓紧固力矩为 2～3N·m。

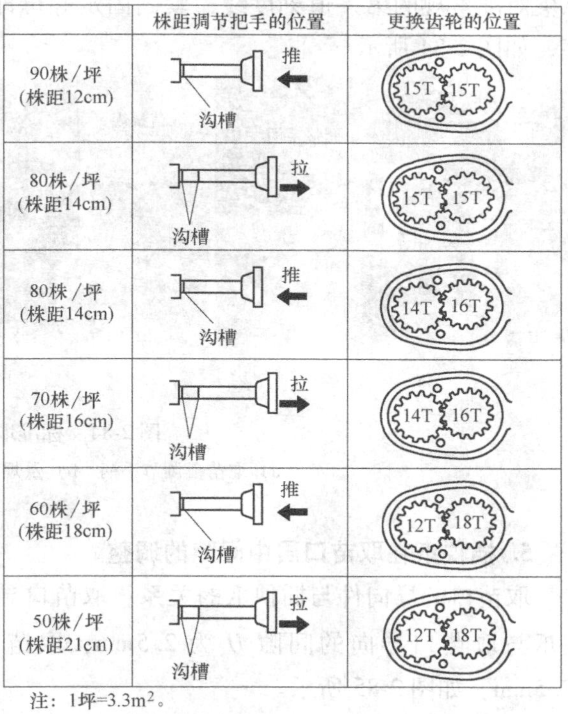

2. 软硬度调整

田块较软时，将弹簧放在软的位置，田块较硬时，将弹簧放在硬的位置。硬田块是指耕耘、耙田不充分的田块。

3. 横向取苗量调整

根据秧苗的种类（幼苗、中苗），可调节载秧台的横向传送量（20 次、26 次）。取苗量的调整步骤如下：

图 2-81　苗床盘根情况

	株距调节把手的位置	更换齿轮的位置
90株/坪 (株距12cm)	推　沟槽	15T 15T
80株/坪 (株距14cm)	拉　沟槽	15T 15T
80株/坪 (株距14cm)	推　沟槽	14T 16T
70株/坪 (株距16cm)	拉　沟槽	14T 16T
60株/坪 (株距18cm)	推　沟槽	12T 18T
50株/坪 (株距21cm)	拉　沟槽	12T 18T

注：1坪=3.3m²。

图 2-82　株距调整

1）起动发动机，将载秧台移动到最左或最右端附近时停止。

2）关闭发动机，用手拉动起动拉绳，使载秧台移动到纵向送秧推杆，动作一次结束后，立即停止拉动起动拉绳。

3）观察第二个插植臂（由左向右数）的曲柄臂平键的中心线是否与插植部供给箱的放油螺栓的中心线重合。如不重合，则继续轻微拉动起动拉绳，使其二者重合。

4）打开横向传送齿轮的盖板并拔下齿轮，再将轴的对准标记置于如图 2-83 所示位置，然后组装齿轮。

5）更换齿轮，齿轮上的刻字应一致朝外，更换后应涂抹适量润滑脂。

4. 标准取苗量调整

标准取苗量调整步骤如下：

1）将载秧台移动至中间。

2）将取苗量调整手柄放在最"多"位置。

3）将量规正确地放在取苗口位置，插植臂旋转到取苗口。

4）将插植臂向上提的同时向下压插秧爪，看插秧爪的爪尖是否能够对准量规的第一道刻度线。

5）如果插秧爪的爪尖不能对准量规，则需调整。调整方法是：松开插植臂下端的固定螺母，使插秧爪爪尖对准量规的第一道刻度线，紧固固定螺母即可。四个插植臂应一起调整，不分左右顺序，如图 2-84 所示。

图 2-83　横向传送量的调整

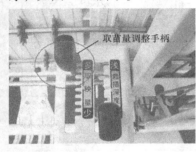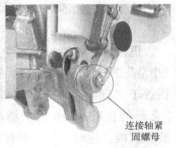

a)　　　　　　　　　　　　b)　　　　　　　　　　　　c)

图 2-84　标准取苗量调整

a）取苗量调节手柄　b）量规放入方法　c）调节螺栓

5. 插秧爪在取苗口居中间隙的调整

取苗口的导向件与插秧爪的关系：取苗口导向角部的磨损 L 的使用限度为 1.5mm；插秧爪与取苗口导向的间隙 H 为 2.5mm；取苗口宽 I 不小于 17.5mm，如图 2-85 所示。

6. 插秧深度调整

插秧深度的调节方法是：首先将机器高度升至最高，关闭发动机；一人从单侧抓住把手稳住机器，一人将卡销拆下，将相应一侧的车轮往下（上）压，将卡销插入相应深度的孔内；将机器放下，用同样方法调整另一边。

注意：变换后面的装配孔锁销的装配位置时，应三处同时更换。

7. 苗床压杆与压秧杆调整

苗床压杆与压秧杆调整方法见表 2-5。

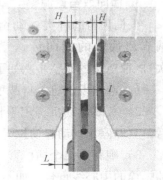

图 2-85　插秧爪在取苗口居中间隙

表2-5　苗床压杆与压秧杆调整方法

现　象	调整方法
秧苗过短；插秧后秧苗向后倒；苗床过软，插秧时容易散乱	三个呈三角形排列的安装孔，左下角安装孔到右下角安装孔的方向调整
秧苗过长；插秧后秧苗向前倒；秧苗挂在压秧杆上，无法下降到滑动板上	三个呈三角形排列的安装孔，右下角安装孔到左下角安装孔的方向调整

8. 转向制动的调整

握住转向离合器相应一侧的把手即可实现转向。转向离合器手柄游隙为 0 ~ 2.0mm。

9. 发动机带的调整

发动机带传动调整如图 2-86 所示。安装 V 型带时，发动机右侧带轮的中心线和变速箱右侧带轮的中心线的偏差以及带的张力弯曲量都要在基准值内。带轮的中心线偏差 A 为 ±2mm。采用约 40N 的力压下时，V 型带的张力弯曲量 B 为 10 ~ 12mm。调整带的这两项指数时，只需松开发动机底座的 4 颗固定螺栓即可进行调整。

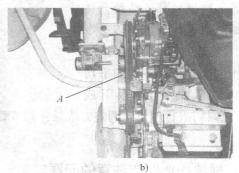

a)　　　　　　　　　　　　　　b)

图 2-86　发动机带传动调整

a）带传动张紧度　b）带传动对齐

10. 车轮深度的调节

SPW-48C-68C 的车轮深度有三档可调：标准档为 5 ~ 30cm；烂田档为 18 ~ 40cm；特烂田档为 20 ~ 45cm。车轮深度调节方法如图 2-87 所示。

11. 操作扶手高度调整

操作把手的高度可以调整，以适应不同身高的农机手。转向手柄高度的调节方法是：松动左右两边的紧固螺栓，上下调节转向手柄，将其调整到便于使用的高度，然后紧固螺栓，将其固定。

12. 手扶机各手柄连杆的调整

手扶插秧机一共三个操作手柄，四个连杆。

（1）主离合器的调整　当主离合器在"合"的位置时离合器的臂与调整螺母间隙的基准值是 0.5 ~

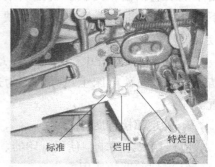

图 2-87　车轮深度调节

1.5mm，如果不在此范围内，就顺时针或逆时针旋转调整螺母。

（2）栽插离合器调整　插秧离合器销子的标准伸出量是49.5～51mm，如果不在此范围内，可以顺时针或逆时针旋转调整螺母。

（3）升降的调整　操作手柄在"固定"位置时若机体下降，则顺时针旋转连杆上的调整螺母，直到固定为止；操作手柄在"固定"位置时若机体上升，则逆时针旋转连杆上的调整螺母，直到固定为止。

（4）变速杆的调整　变速杆若不在档位上，将变速杆调整螺杆的B型销拿掉，然后顺时针或逆时针旋转调整螺杆。

13. 纵向传送带的调整

纵向传送带的调整如图2-88所示。首先将取苗量调节手柄调整到最大取苗量位置，除去纵向传送带周围的泥土和草根，并进行清洁；然后向各动作部加油，起动机器运转插植部，载秧台移动到左端或右端时，纵向传送带将动作，测量此时的传送量L，反复操作数次，计算各次的平均值。当传送量在14mm以下或19mm以上时需进行调节。调整方法是：调节载秧台下方的调节螺栓，使得传送量在标准范围之内。

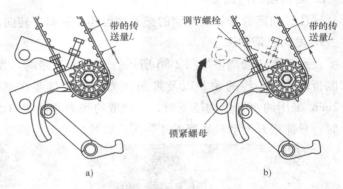

图2-88　纵向传送带的调整
a）纵向传送结构　b）纵向传送调整方法

三、插秧作业时应注意的问题

插秧机下田地后，先进行低速试运转，待机体温度升高后再开始正式作业，作业中，要按规程操作。

1. 装秧苗

当载秧台上无秧苗时，应将载秧台移动到最左端或最右端后装秧苗，然后再把预备秧苗架上装满秧苗；当载秧台上剩余的秧苗到添加线时，要及时补添秧苗。如在添加线以下再补添秧苗时，会影响纵向送秧，使每穴株数减少。补添的秧苗一定要与剩余的秧苗接合好。

在插秧作业过程中，要经常注意观察去秧口的秧苗，及时处理上窜、歪斜、倾倒的秧苗。当补添的秧苗床土过厚时，为避免压苗器阻挡秧苗，应把压苗器抬起置于开放的位置。

2. 确定邻接行距

应根据农艺要求，使用划印器、中间指示标和指印器确定邻接行距。

（1）划印器的使用方法

1）接合插秧离合器，将手柄置于"接合"的位置。

2）放倒插秧行程侧的划印器手柄，使划印棒在地上划出印记。

3）在下一次插秧行程中，使中间指示标与划印棒划出的印记相重合，如图 2-89 所示。

4）划印器可以通过缓冲装置，改变折叠角度，适用于插秧作业和路上行走。

（2）侧对行器的使用方法 侧对行器是在划印器无法使用或划出的印迹看不清时使用。侧对行器有邻接行距是 30mm 和 33mm 两个位置。使用侧对行器确定邻接行距时，应使侧对行器与上一行程插过的秧苗行重合进行插秧。侧对行器的使用方法如图 2-89 所示。

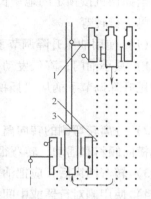

图 2-89 划印器和中间指示标
1—划印器 2—侧对行器
3—中间指示标杆

3. 插秧

（1）插秧路线 在开始插秧之前，应根据地块形状和位置，确定插秧路线。插秧时先留出田边空地（约 1 个往返的面积），然后再开始插秧。开始插秧时，从与田块长边方向的田埂平行的一侧开始插秧，然后，再进行一定面积的试插。插秧路线如图 2-90 所示。试插时还应仔细检查以下项目：

1）载秧台上的秧苗是否放置妥当。

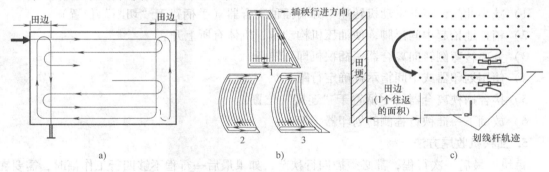

图 2-90 插秧路线
a）插秧机行走路线 b）不规则田块行走方法 c）埂边行驶方法

2）每穴插的株数是否适当。

3）插秧的深度是否适当，三个浮脚连接孔的位置是否相同。

4）封油压升降调节手柄是否在插秧的位置。

（2）插秧作业 试插后，检查上述各项无误后，即可开始插秧作业。具体方法如下：

1）起动发动机后，挂插秧档（手柄置于"插植"的位置）。

2）适当加大油门（手柄向内侧拨动），慢慢提高发动机转速。

3）接合插秧离合器（手柄置于"连结"的位置）。

4）放倒下一插秧行程侧的划印器手柄。

5）接合主离合器（手柄置于"连结"的位置）。

6）插秧机边前进边插秧，应使浮脚的侧面沿田埂边前进，距田埂 22～26cm 处插秧，以防碰坏机体。插秧机在田埂边的行走作业中，机手应走在苗行的中间，不要踩坏已插的秧苗。

4. 转弯

当插秧机按预定的地块长度插完一行程的秧苗后，可以使用油压升降调节手柄或使用中间浮脚进行转弯。

（1）使用油压升降调节手柄转弯

1）减小油门，降低发动机转速。把油压调节手柄置于"上升"位置，使机体上升。随着油压升降调节手柄从"插秧"拉向"上升"，插秧离合器自动分离，划行器也自动折叠抬起。

2）分离转弯侧的转向离合器，插秧机即可转弯。由于锁定装置将机体锁定，机体不会发生横向倾斜和摇动，转弯很方便。

3）转弯结束后，应把油压升降调节手柄置于"插秧"位置，使机体下降。

4）使用侧对行器或中间指示标确定行距。

5）接合插秧离合器，各次插秧行程开始插秧和结束插秧的位置要保持一致，使地头整齐。

6）放倒下一插秧行程侧的划印器手柄，使划行器划印。

（2）使用中间浮脚转弯

1）减小油门，降低发动机转速，分离插秧离合器（手柄置于"切断"位置）。

2）稍稍地抬起中间浮脚，使油压机构动作，机体有所上升。

3）分离转弯侧转向离合器，插秧机即可转弯。

4）使用划印器或中间指示标确定行距。

5）接合插秧离合器（手柄置于"连接"位置）。

6）放倒下一插秧行程侧的划印器手柄。

5. 插秧机收尾方法

每块地最后一次行程，都必须插四行秧苗，如果最后一行程不够四行工作幅时，需要在前一行使用压苗器调整行数。使用压苗器调整行数的方法如下：

1）把秧苗片向上提起。

2）把压苗器轴销从固定孔摘下，使压苗器倒向载秧台，把秧苗放下。压苗器使用后，要把轴销插进原来的固定孔。

四、机器的维护、移动行驶及搬运

1. 手扶式插秧机的起动

将燃料栓手柄置于"开"位置，再将变速手柄置于"中立"位置；然后将主离合器手柄置于"离"位置，将栽插离合器手柄置"固定"位置；将主开关置于"开"的位置。操作阻风门，当发动机过冷时，拉开阻风门把手；在暖热的状态下再次起动时，不拉或稍微拉开阻风门把手。将油门手柄调节到"低"和"高"的中间位置，用力拉拽起动把手，发动机则起动。

起动后，一边查看发动机的旋转情况，一边将阻风门置为"全开"（将阻风门把手置于原来的位置）。

2. 手扶插秧机的停车

将油门手柄置于"低"的一侧，主离合器置于"离"的位置，机器将停止前进。

3. 手扶插秧机的行走

发动机起动后，将油门手柄置于"起动"和"高"之间，稍微提高转速。将变速手柄置于"路上行走"的位置。操作栽插离合器手柄使机体上升至最高位置后，将栽插离合器手柄置于"固定"位置。如果使机体处于最高上升位置，滚锁将工作，机体将被水平固定。将主离合器手柄置于"合"位置后，则机器前进。

4. 手扶式插秧机的装卸

将载秧台移至机体的中央。事先卸下预备秧苗等物。将预备秧架置于前方或中央位置。操作栽插离合器手柄，将机体"上升"至适当高度，然后置于"固定"位置。装车时，将变速手柄置为"田块作业"位置；卸车时，以"后退"方式进行移动。将主离合器手柄置于"合"位置，在机体保持水平的状态下缓慢地卸下。

注意：在用货车运输时，将栽插离合器手柄置于"下降"位置，降下车体，使车体不要左右倾斜；然后将栽插离合器手柄置于"固定"位置；将插秧深度调节手柄设定在最深的位置。手扶式插秧机装卸时应在浮舟下面垫上缓冲材料（旧轮胎等）。

5. 常见故障现象及处理

（1）出现秧缺 原因是秧苗发育不均或出苗不齐。处理措施如下：

1）对秧苗的处理：去掉发育不良或出苗不齐的部分；不要使用发育不良的秧苗。

2）对机械的处理：增加取苗量并减少横向传送次数。

（2）取秧困难，有缺秧现象 原因是苗床太薄或扎根不良；苗床过软。处理措施如下：

1）对机械的处理：缩小苗床压杆与秧苗之间的间隙，以免秧苗从载秧台上滑落或溃散。

2）对秧苗的处理：苗床厚度应在 2cm 以上；使苗床变得更干更硬一些。

（3）机器无后退档 原因是主变速档位杆上的拨叉变形导致档位齿轮不能切换到位，主变速连杆变形。处理措施：更换新件，重新调整连杆间隙。

（4）插植部不工作，机器发出"咔嚓""咔嚓"的声音

1）插植部有异物，导致安全离合器分离。处理措施：检查插植部，去除异物。

2）栽插离合器连动装置间隙不符合标准。处理措施：重新调整插秧离合器销子的伸出量（插秧离合器杆处于"插秧"档位时）L 为 49.5~51.0mm；重新调整连杆的间隙。

6. 手扶式插秧机的保养

（1）使用后的保养 将粘在各部位的泥土和脏物等冲洗干净，冲洗后务必将水擦干。需加注润滑脂的部位应加注润滑脂，需加油的部位应加油。在插秧爪的前端等容易生锈的部位涂抹润滑脂。检查各部分有无松动，并再次紧固。

（2）长期收藏时的保养 长期收藏时，选择避开日光直射、避雨、通风良好的场所保

管，排掉燃料箱、燃料栓过滤器内的汽油。将燃料栓置为"关"，卸下螺钉，完全排掉化油器内的汽油，使插秧爪处于取苗前的状态，使插植部处于下降的状态，将各离合器手柄置于"合"的状态，将油门手柄向"低"的一侧转到底。拉拽起动把手，在发动机压缩位置时停止；保管或放置插秧机时，应将插秧机降至最低位置，升起车轮，机体则会保持稳定（将栽插离合器手柄置于"栽插"位置，使机体保持水平）。切勿给浮舟施加外力，以免其变形。保养结束后，务必盖上附带的插秧机盖罩。

五、加油一览表（表2-6）

表2-6　加油一览表

加油部位	油的种类	容量	更换时间
燃油箱	93号以上汽油	4L	
发动机	久保田纯正油 G10w30 或 SAE10W-30API 分类 SE 级以上	0.6L	第1次：20h（约30亩） 以后每50h（约75亩）更换一次
传动箱	久保田纯正油 SUPERUDT 或 NEWUDT 或 SAE75W-80API 分类 GL-3 级	2.0L	第1次：50h（约75亩） 以后每200h（约300亩）更换一次
供给箱		0.6L	每200h（约300亩）
插秧箱		0.2L	每200h（约300亩）
插植臂		适量	每50h
载秧台	润滑脂	适量	每天使用后

六、定期保养

各部位保养方法见表2-7。

表2-7　各部位保养方法

部　位	项　目	检查方法	检查，更换时间
发动机部	燃料过滤器滤芯	清洗	每50h清洗一次
	空气过滤器滤芯	清扫	每50h（如果脏污严重则随时清扫）检查一次，每400h更换一次
	火花塞	清扫	每季后或每隔100h清理一次积炭，两年更换一次
		检查间隙	每隔200h检查一次间隙
	化油器	清洗	发动机运转异常时清洗
	燃料箱	清洗	每400h清扫一次
	燃料箱滤网	清洗	
	燃料管	检查	作业前检查（如有燃料泄漏，应拧紧管夹或更换），两年更换
变速箱部	齿轮箱滤清器		每200h更换一次
	驱动带	检查	磨损、产生裂缝或裂纹时更换
	车轮		磨损超过8mm时更换
插植部	插秧爪	更换、调整	每天作业后检查，磨损超过3mm或无法取苗时更换
	推出装置	检查	每天检查，磨损严重、变形时更换

（续）

部　位	项　　目	检查方法	检查，更换时间
插植部	纵向传送轮	清扫	每天作业后检查（磨损严重时更换）
	滑动板、载秧台支架	检查	每天检查
	各类钢丝、连杆	检查	每天作业后检查
电器部	线束	检查	损坏时更换
	灯泡		

任务实施

手扶式插秧机驾驶训练：

1. 起动、行驶、转弯训练。

2. 使用后的保养。

3. 加油训练。

4. 定期保养训练。

项目三 高速插秧机行走部构造与维修

【项目描述】

插植部是高速插秧机重要的组成部分，它主要完成作业机械的插秧工作。本项目学习重点是掌握插植部动力传递路线，了解供给箱、插秧箱、插植臂的结构，掌握插秧的基本原理，能对插植部常见故障进行检测与排除。

【项目目标】

1. 掌握典型高速插秧机供给箱的构造及工作原理。

2. 掌握高速插秧机插植部动力传递路线，学会分析插植部动力路线图。

3. 手扶插秧机供给箱、插秧箱、插植臂的构造及工作原理

任务一 高速插秧机变速箱拆装与维修

任务要求

☞ 知识点：

1. 高速插秧机的组成。

2. 插高速秧机的动力传递路线。

3. 变速箱各档位分析；转向、株距调节等各部分操作原理。

☞ 技能点：

1. 熟悉高速插秧机动力传递路线。

2. 掌握变速箱拆装步骤与检修方法。

任务分析

一台高速插秧机由于操作不当，造成主变速设置在中立位置时，仍能移动，仔细检查发现主变速杆及连杆变形。

相关知识

高速插秧机是新型高效的机型，与步行式机型相比有舒适、高效率的优势，且有驾乘汽车的趋势。高速插秧机有 4、5、6、8、10 行等机型，行数越多，效率越高，但机器较笨重、价格偏高。一般使用 6 行机型，发动机在 7～12 马力（1 马力 = 735.499W）之间，性价比

较为适宜。

高速插秧机主要由发动机、行走部、插植部、控制部等组成。其中传动箱是行走部重要的组成部分，它的主要作用是将发动机的动力分成两部分，一部分通过离合器、变速箱传递给行走轮；另一部分通过发动机、变速箱→副变速档位切换轴、插秧轴传递给插秧工作部分，使插秧机一边走，一边完成分插工作。本次任务主要掌握高速插秧机变速箱的拆装与检修。

一、变速箱

（1）变速箱的功用　在发动机转矩和转速不变的情况下，通过变换档位，改变插秧机驱动力矩、行驶速度和方向，以及长时间空挡运行。

（2）变速箱的组成　它主要由壳体、HST、液压泵、液压泵轴、1 号轴、2 号轴、右传动轴、左传动轴、差速锁定轴、差速箱、9T 弧齿锥齿轮、停车制动叉杆等组成。

（3）行走系统　发动机输出的动力通过变速箱驱动带传到 HST（无级变速）和变速箱。主变速手柄通过棘爪机构变为有级变速（前进：8 级，后退：5 级），与齿轮式副变速（2级）组合后进行前进 16 级、插秧 8 级、后退 10 级传动，动力传递到左右两端行走输出轴，由传动连杆将动力传递给车轮，然后通过装备前、后轮悬架夹，吸收田块凹凸不平产生的振动，抑制车体的摇晃，稳定插植部，从而实现高速插秧。

（4）动力传动路线　动力传递路线图见附录 B。

前轮传动：发动机（带）→HST（花键）→1 号轴（齿轮）→副变速档位切换轴（15T/40T）→差速器（14T）→左右传动轴（19T/12T）→左右前车轴（9T/40T）→左右前车轴 F→前车轮。

后轮传动：发动机（带）→HST（花键）→1 号轴（齿轮）→副变速档位切换轴（15T/40T）→差速器（20T/9T）→锥齿轮轴（花键、万向节）→传动轴→输入轴（13T/17T）→左右传动轴（11T/40T）→轴（8T/39T）→左右车轴→后车轮。

二、主换档系统

主换档系统主要实现速度的变换，主变速手柄位于前进或后退位置时，若踩下停车制动踏板，则在连杆机构的作用下，通过主换档杆使前进侧主换档臂或后退侧主换档臂推动主换档金属件。主换档系统结构如图 3-1 所示，图示为主变速手柄在前进最高速位置的第 8 级。

主变速手柄向前进侧移动时，主换档金属件从图 3-1 所示方向看向顺时针方向转动。踩下停车制动踏板后，主换档杆被压向前方，主换档臂 2 将主换档金属件推回中立位置，此时，连接在主换档金属件上的球头连杆使 HST 的耳

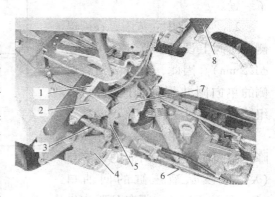

图 3-1　主换档系统结构
1—主变速杆　2—主换档金属件　3—球头连杆
4—耳轴　5—主换档臂 2　6—主换档杆
7—主换档臂 1　8—停车制动踏板

轴返回中立位置。主变速手柄向后退侧移动时，主换档金属件则向逆时针方向转动。踩下停车制动踏板后，主换档杆被压向前方，主换档臂 1 将主换档金属件推回中立位置；同时，HST 的耳轴也返回中立位置。

主变速手柄返回中立方向的位置由停车制动踏板的踩入量来决定。此外，在踩下停车制动踏板时，无法进行主变速手柄的前进或后退操作。

三、HST（液压齿轮变速箱）

静液压无级变速传动装置（Hydraulic Stepless Transmission）简称 HST，HST 的优点是结构紧凑，且理论上可在正、反两个方向在 0～3200r/min 范围内进行无级变速，这就为 HST 在农机上的广泛应用创造了很好的结合点。在 HST 中，固定在输入轴上的是斜盘式变量泵，其斜盘角度由斜盘轴控制；固定在输出轴上的是斜盘式定量马达，从而实现无级变速的目的。当斜盘轴在中立位置时，泵的排量为 0，马达输出转速也为 0；在高速插秧机传动中，由于在变速箱前设置了 HST，大大简化了变速箱的结构。但是，由于 HST 总传动效率在 80% 左右，因此与齿轮传动相比，其传动效率偏低；由于液压元件制造精度要求较高，其噪声和油温高的问题还没有彻底解决。同时，对液压用油清洁度也比传统的传动系统用油要求高，其制造成本也比传统的齿轮变速系统要高。

HST 由一对变量泵和定量马达、单向阀等构成。液压油虽然与其他液压装置共用，但 HST 对油液清洁度要求较高，因此特别安装了机油过滤器滤筒。

HST 的特点是：

1）废除了高压溢流阀，简化了装置。

2）为确保中立范围，在后退侧单向阀上设置了节流孔（直径 ϕ1.2mm）。因此，前进侧和后退侧的单向阀并不是相同的部件，组装时需特别注意。

3）不使用供油泵，利用从升降控制阀向变速箱回油的油端口（X）以及从液压缸的回油口（Y）的油通过单向阀向 HST 中供给不足部分的油。

HST 的油路及结构如图 3-2、图 3-3 所示。

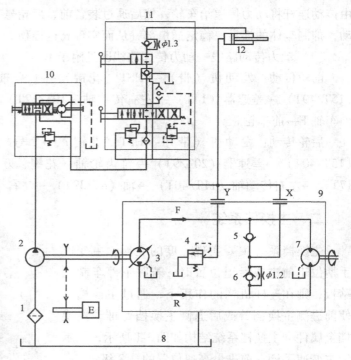

图 3-2　液压齿轮变速箱油路

1—机油过滤器（18μm）　2—液压泵　3—液压泵（变量型）
4—供油溢流阀　5—单向阀（前进侧）　6—单向阀（后退侧）
7—液压马达（定量型）　8—变速箱　9—HST　10—转矩发生器
11—升降控制阀　12—液压缸　F—前进时工作油的流向
X—X 端口　R—后退时工作油的流向　Y—Y 端口

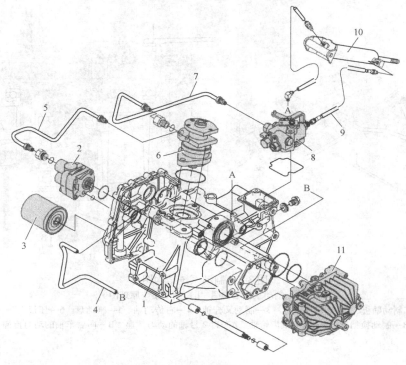

图 3-3　液压机构

1—齿轮箱　2—液压泵　3—机油过滤器　4—回油管

5—液压管1　6—转矩发生器　7—液压管　8—控制阀

9—液压缸液压软管　10—液压缸　11—HST

四、停车制动系统

弧齿锥齿轮轴上设置有通过花键联接而一起旋转的制动盘（前后方向自由），并在前后配置有固定在变速箱沟槽部的摩擦片（前后方向自由）和压板。在停车制动无效时，两者有间隙。踩下停车制动踏板后，制动叉杆轴通过制动连结杆而旋转。在制动叉杆轴的凸轮机构作用下，制动换档杆被压入，制动盘顶在固定的摩擦片、压板上。在压板、摩擦片和制动盘间摩擦力的作用下，弧齿锥齿轮轴停止旋转，如图3-4所示。

五、自动转向系统、侧离合器

1. 自动转向系统

自动转向系统是仅操作转向盘即可切断旋转方向的后轮的动力，不必进行制动操作便能顺利转弯的机构，如图3-5所示。因此，可轻易地将插秧机移动到相邻的插秧开始位置。操作转向盘，通过转向轴、转向齿轮而使转向摇臂旋转。通过转向摇臂旋转，侧离合器杆经由连接金属件使侧离合器臂旋转，从而切断内侧后轮的动力。通过转向盘的操作，侧离合器开始断开的前轮切角为10°～17°。侧离合器部采用湿式盘，在提高耐久性的同时，也消除了侧离合器离合时产生的冲击。

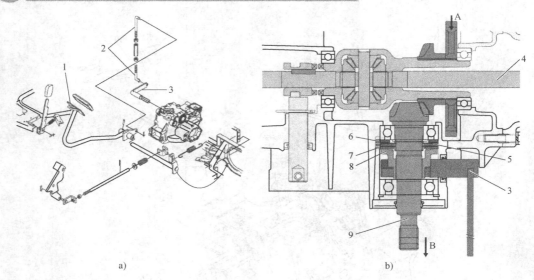

a)   b)

图 3-4 制动系统结构图

a）制动系统结构图 b）制动系统原理图

1—停车制动踏板 2—制动连结杆 3—制动叉杆轴 4—右传动轴 5—制动盘 6—压板 7—摩擦片
8—制动换档杆 9—弧齿锥齿轮轴 A—自 2 号轴的动力传递 B—向后车轴的动力传递

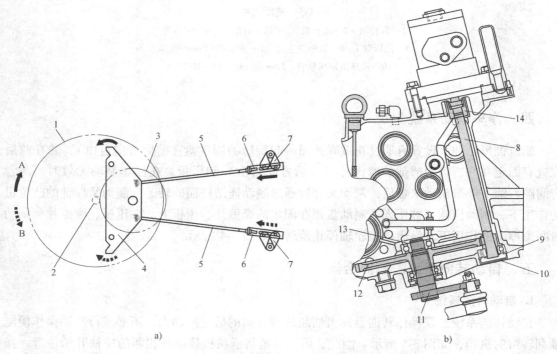

a)   b)

图 3-5 高速插秧机自动转向系统

a）转向系统 b）变速箱内转向齿轮

1—转向盘 2—转向轴 3—转向齿轮 4—转向摇臂 5—侧离合器杆 6—连接金属件
7—侧离合器臂 8—转向摇臂轴 9—转向齿轮 10—花键毂 11—内卡环 12—端盖
13—外卡环 14—转向轴 A—右旋转 B—左旋转

2. 侧向离合器

高速插秧机侧向离合器如图3-6所示。在侧向离合器处于"合"位置时，通常，花键毂在侧向离合器弹簧的张力作用下被推向右侧，离合器片和摩擦片之间产生摩擦力。花键毂与传动轴（左）啮合，离合器箱与11T齿轮啮合，动力按照传动轴→花键毂→离合片→摩擦片→离合器箱→11T齿轮→40T齿轮的顺序传递。

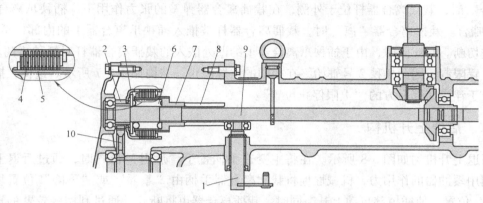

图3-6　高速插秧机侧向离合器

1—侧离合器臂　2—11T齿轮　3—离合器箱　4—摩擦片　5—离合器片
6—侧离合器弹簧　7—花键毂　8—轴环　9—左传动轴　10—40T齿轮

在侧向离合器处于"合"位置时，操作转向盘，通过上述连杆机构，侧向离合器臂将旋转。在侧向离合器臂的凸轮机构作用下，经由轴环将花键毂推向左侧，离合器片和摩擦片之间产生间隙，摩擦力消失，动力被切断。

六、株距变速

动力通过1号轴传到2号轴，再传到插秧1号轴的株距齿轮，最后传到插秧2号轴传向插植部。

后退时，为使插植部停止，在1号轴上设置有滚轮离合器。2号轴和插秧1号轴的各株距齿轮为常时啮合状态，当插秧1号轴上嵌入的钢珠被插秧1号轴内的换档杆推出而嵌入齿轮槽时，钢珠起到联接键的作用，插秧1号轴上的株距齿轮将2号轴的动力传递给插秧1号轴。由于插秧株距通过嵌入株距齿轮槽中的钢珠的位置进行切换（结构如图3-7所示），因

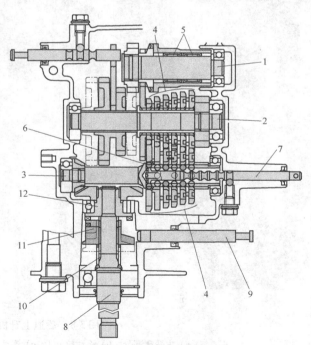

图3-7　株距调整与栽插离合器

1—1号轴　2—2号轴　3—插秧1号轴　4—株距齿轮　5—滚轮离合器
6—钢珠　7—换档杆　8—插秧2号轴　9—栽插离合器杆　10—栽插
离合器弹簧　11—插秧爪离合器1　12—插秧爪离合器2

此当操作株距调节手柄后换档杆不动作时，应在发动机起动后，在低速状态下将主变速手柄稍稍向前进侧移动，并使株距齿轮、插秧 1 号轴旋转，这样便容易操作株距调节手柄。

七、栽插离合器

栽插离合器组装在插秧 2 号轴中，通过栽插离合器杆的推拉进行离、合操作。栽插离合器"合"时，栽插离合器杆位于外侧，在栽插离合器弹簧的张力作用下，插秧爪离合器 1、2 的爪啮合。栽插离合器"离"时，栽插离合器杆被推入插秧爪离合器 1 的内部，爪松开，动力被切断。与此同时，由于插秧爪离合器 1 的凹处嵌入的栽插离合器杆对插秧爪离合器 1 进行位置限制，因此插秧 2 号轴始终在相同的位置停止，结构如图 3-7 所示。这样，插秧爪始终处于浮舟底部上方的"上限停止位置"。

八、后退上升机构

后退上升机构如图 3-8 所示。在将主变速手柄置于"后退"位置时，通过后退上升机构，利用缓冲器的作用力，机械性地将栽插离合器手柄由"栽插"或"下降"位置切换至"上升"位置，使插植部自动上升。同时，栽插离合器也将断开。通过利用棘轮臂的辊轴来锁定操作支点金属件的各凹陷部来限制栽插离合器手柄"栽插""下降""中立""上升"的位置。将主变速手柄置于"后退"位置后（从"中立"位置向左方向操作时），在主变

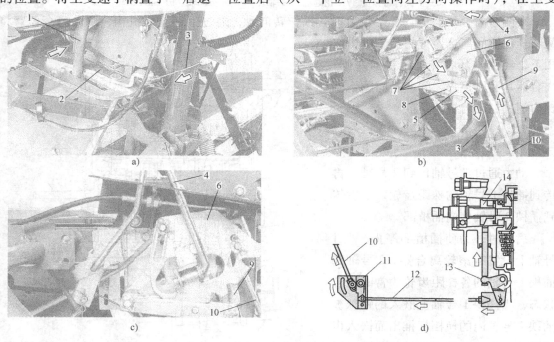

图 3-8 后退上升机构

a）主变速部分 b）连动拉杆 1 c）连动拉杆 2 d）连动拉杆 3

1—主变速手柄 2—主变速导杆 3—后退上升拉索 4—栽插离合器手柄 5—棘轮臂
6—操作支点金属件 7—凹陷部 8—支承件 9—缓冲器 10—连接杆 11—中间连杆
12—栽插离合器杆 13—连接金属件 14—栽插离合器

速导杆的作用下，后退上升拉索在箭头方向上会被拉紧。后退上升拉索与栽插离合器手柄的棘轮臂连接，通过棘轮臂的动作，进入操作支点金属件凹陷部的棘轮臂的支承件脱离。此时，在气动缓冲器伸出的作用下，无限制的操作支点金属件移动至"上升"位置，升降控制阀形成"上升"液压回路，插植部上升。接近最高上升位置时，通过中立复位机构，使操作支点金属件及栽插离合器手柄返回到"中立"位置，插植部停止上升。

任务实施

九、变速箱的分离

1. 分离前车轴臂箱、前车轴箱

变速箱拆卸如图3-9所示。要拆除变速箱，首先应把外围部件拆除，先应拆下预备秧苗架支架；我后拆下左右预备秧架；拆下支架的安装螺栓后，与支架一起拆下预备秧架R；拆下发动机时一定要用千斤顶等切实支承发动机架；最后拆下右前轮。在组装车轮时要注意左右车轮各不相同，不要将轮胎的胎肩方向搞错；将转向拉杆从前车轴箱上拆下后才可以将前车轴臂箱与前车轴箱一起拆下；拔出株距调节杆的带头销，从变速齿轮箱上拆下株距调节手柄；拆除栽插离合器杆上各连接金属件；拆下液压管；拆下液压泵安装螺栓（2个），再拆下液压泵。

a)　　　　　　　　　　　　　　　　b)

图3-9　变速箱拆卸

a）前车轴部位结构1　b）前车轴部位结构2

1—预备秧架R　2—前轮安装螺栓　3—预备秧架支架　4—预备秧架F　5—螺栓　6—秧架支架
7—前车轴臂箱　8—发动机架　9—拉杆　10—前车轴箱　11—前车轴

2. 分离右变速箱

右变速箱分离如图3-10所示。拆下株距变速杆的棘爪（定位）塞，再拆下内部的弹簧和钢珠；拆下右变速箱，取出内部的齿轮、轴相关部件。

组装各轴的箱体时，不要忘记将垫片装入差速齿轮箱旁边的轴承和变速箱之间，在右变速箱接合面的密封槽涂抹密封胶。

插入1号轴相关部件；将插秧1号轴相关部件和2号轴相关部件组装在一起后插入（将株距变速杆插入插秧1号轴的内部）。此时，一边将箱体内的副变速叉杆组装在2号轴的副

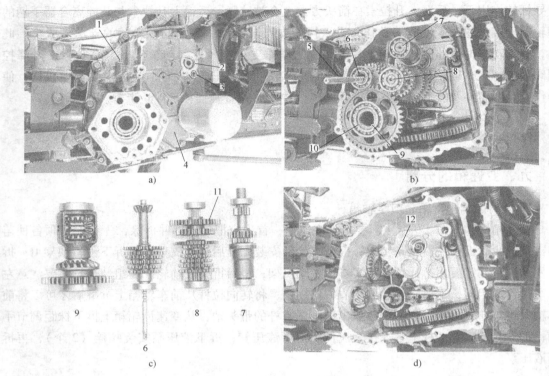

图 3-10 右变速箱分离

a）变速箱右侧 b）变速箱内部系列齿轮 c）各齿轮轴 d）转向齿轮

1—棘爪塞 2—O形环（大） 3—O形环（小） 4—右变速箱 5—株距调节杆 6—插秧1号轴 7—1号轴
相关部件 8—2号轴相关部件 9—差速齿轮相关部件 10—轴承 11—副变速齿轮 12—副变速叉杆

变速齿轮上，一边插入2号轴相关部件。插入差速齿轮相关部件。

十、变速箱的组装

1. 1号轴组装

1号轴如图3-11所示。在组装1号轴时，将滚轮离合器压入刻印侧（A）方向后组装，压入时，不得压缩离合器，尤其要注意衬套产生的压缩；衬套不能高出单向毂端面；与毂端面为一个平面；在17T齿轮和单向毂的爪啮合的状态下，组装垫圈后压入轴承。

2. 2号轴

2号轴如图3-12所示。在组装2号轴时株距轴套、株距齿轮、41T齿轮应按图3-12所示正确组装。各齿轮的凸起部（※）应按图3-12所示方向正确组装。

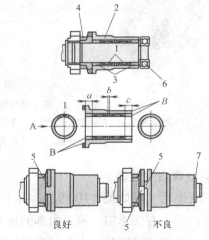

图 3-11 1号轴

1—滚轮离合器 2—单向毂 3—衬套 4—17T齿轮
5—爪 6—轴承 7—垫圈 A—刻印侧 B—同一平面
a—10～10.2mm b—约1mm
c—10～10.2mm

3. 插秧 1 号轴

插秧 1 号轴如图 3-13 所示。在组装插秧 1 号轴时，孔内装入钢球，然后组装株距齿轮，株距齿轮应按图 3-13 所示正确组装。各齿轮的凸起部（※）应按图 3-13 所示方向正确组装。

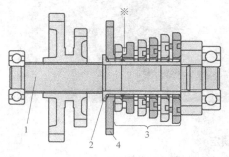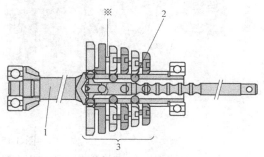

图 3-12　2 号轴

1—2 号轴　2—株距轴套　3—株距齿轮

4—41T 齿轮　※—凸起部

图 3-13　插秧 1 号轴

1—插秧 1 号轴　2—钢珠

3—株距齿轮　※—凸起部

4. 差速箱

差速箱如图 3-14 所示。从变速箱后方取出 9T 弧齿锥齿轮相关部件。组装时用垫片 1、2 调整 20T 弧齿锥齿轮和 9T 弧齿锥齿轮的齿隙（垫片 1、2 均有 0.2mm、0.5mm 两种厚度）。

（1）差速锁定相关组件的拆装　插速锁定如图 3-15 所示。首先拆下左前轮；拆下带槽螺母，将拉杆从前车轴箱上拆下；再拆下箱架支架的安装螺栓（2 处）；将前车轴臂箱与前车轴箱一起拆下。注意在组装时要插入定位管销，一边拉拔传动轴一边拆下差速锁定的爪离合器。注意在组装时要将差速锁定轴前端的偏心销切实嵌入爪离合器的槽内，在此状态下插入传动轴。拆下卡销，将差速锁定轴与差速锁定杆一起移向后方，就分离了差速锁定轴与差速锁定杆。

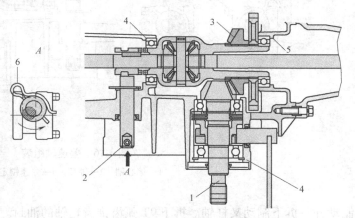

图 3-14　差速箱

1—9T 弧齿锥齿轮　2—差速锁定轴　3—20T 弧齿锥齿轮

4—垫片 1　5—垫片 2　6—卡销

组装时应注意组装方向，差速锁定轴的偏心销的组装方向，从图 3-16 所示 C 方向看时，应将差速锁定轴朝逆时针方向旋转，使差速锁定动作。

（2）9T 弧齿锥齿轮轴、制动系统拆装　首先拆下前方万向接头的带头销；将后方万向接头与行走推进轴一起压入内侧，从 9T 弧齿锥齿轮轴上拔下前方万向接头，一起将方万向接头、行走推进轴、方万向接头拆下，再拆下右变速箱；拆下卡销，从停车制动踏板上拆下

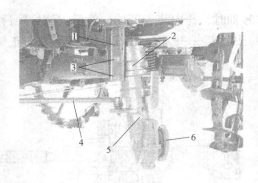
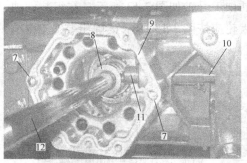

图 3-15 差速锁定

1—箱架支架 2—前车轴臂箱 3—螺栓 4—拉杆 5—前车轴箱

6—前车轴 7—管定位销 8—爪离合器 9—卡销

10—差速锁定杆 11—差速锁定轴 12—传动轴

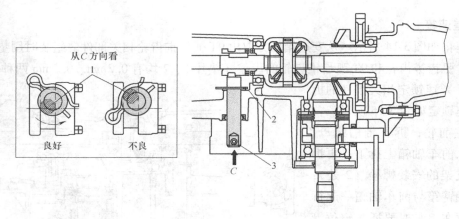

图 3-16 差速轴组装

1—偏心销 2—轴环 3—差速锁定轴

制动杆。拆下制动叉杆轴。拆下 9T 弧齿锥齿轮轴的油封。拆下内卡环，从后方拔出 9T 弧齿锥齿轮轴。如图 3-17 所示，9T 弧齿锥齿轮轴的内卡环（内侧装有锥齿轮齿隙调整用垫片，注意不要遗失。9T 弧齿锥齿轮轴的组装顺序如图 3-18 所示。

（3）插秧 2 号轴拆装 拆下右变速箱后，拆下 25T 锥齿轮。拆下前方万向接头的带头销；将后方万向接头与行走推进轴一起压入内侧，从 9T 弧齿锥齿轮轴上拔下前方万向接头，一起将前方万向接头、行走推进轴、后方万向接头拆下。拆下轴承支座的安装螺栓（M6 螺栓 2 个），将花键毂和插秧推进轴移向后方，然后再从插秧 2 号轴上将其拆下；花键毂与插秧 2 号轴连接时，应对准插秧爪的上限停止位置，将栽插离合器置于"合"位置（将栽插离合器手柄置于"栽插"位置）。拆下油封。拆下内卡环，将插秧 2 号轴以栽插离合器部组件拉向后方。可按图 3-19 所示分解插秧 2 号轴相关部件。

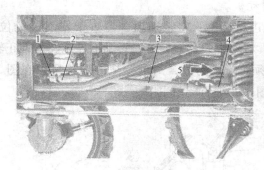

图 3-17　弧齿锥齿轮轴、制动系统

1—带头销　2—前方万向接头　3—行走推进轴　4—后方万向接头

5—推入　6—停车制动踏板　7—制动杆　8—制动叉杆轴

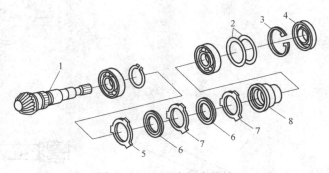

图 3-18　9T 弧齿锥齿轮轴

1—9T 弧齿锥齿轮　2—垫片　3—内卡环　4—油封　5—压板

6—制动盘　7—摩擦片　8—制动换档杆

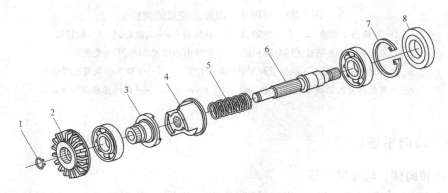

图 3-19　插秧 2 号轴组件

1—外卡环　2—25T 锥齿轮　3—插秧爪离合器 2　4—插秧爪离合器 1

5—栽插离合器弹簧　6—插秧 2 号轴　7—内卡环　8—油封

（4）插秧爪上限停止位置的调整　插秧爪上限停止位置的调整如图 3-20 所示。确认上限停止位置范围为 a；正转侧停止位置为 c；从导苗器前端开始，插秧爪的伸出量须在 20mm以内；反转侧停止位置为 b；插秧爪须通过滑动板。

上限停止位置超出范围时，按以下要领进行调整：将栽插离合器置于"离"的位置，旋转插秧爪，直至插秧爪在正转方向上停止；将花键毂移向后方；转动插秧爪，对准正转侧停止位置；组装花键毂，此时，对准标记必须朝上。另外，对准标记的偏移量须在图 3-20所示的 S 范围内。插秧爪的上限停止位置在图 3-20 所示 a 范围内。

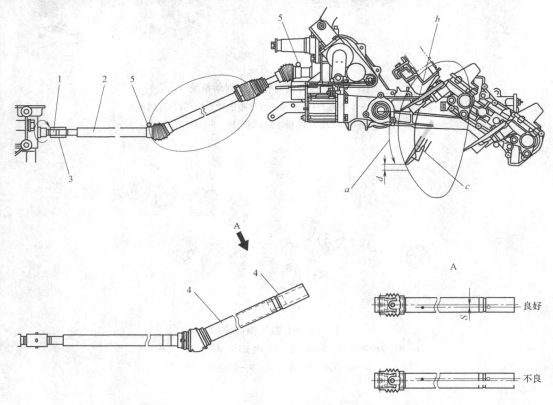

图 3-20　插秧爪上限停止位置的调整

1——插秧 2 号轴　2——插秧推进轴　3—花键毂　4—对准标记　5—软管箍

A—从 A 方向看到的对准标记　S—偏离中心位置20°（1 个花键）

a—上限停止范围位置（取苗量调节手柄最多位置）　b—插秧爪必须通过滑动板

c—从导苗器开始插秧爪的伸出量（d）须在 20mm 以内　d—伸出量在 20mm 以内

十一、转向系统拆装

1. 分离转向柱、转矩发生器

转向系统结构如图 3-21 所示。拆下机罩后盖、机罩。拆下盖子，再拆下转向盘安装螺母，最后拆下转向盘。组装时应注意：转向盘应在前轮直进状态下组装。拆下仪表盘座后罩（嵌入式）。拆下主变速手柄（M8 螺栓 2 个）。在发动机侧拆下阻风门拉索。拆下电气部件的连接器（面板连接器、组合开关、主开关）。拆下仪表盘座的安装螺栓（M6 螺栓4个），再拆下仪表盘座。组装时应注意：阻风门拉索应穿过管夹后组装。拆下调节器、蜂鸣器的各连接器。拆下主线束的线夹（2处）；拆下后退上升拉索。

图3-21　转向系统结构

1—转向柱　2—卡销　3—主变速杆　4—主变速臂　5—主换档臂
6—连接金属件　7—转矩发生器　8、9—液压管

2. 转向柱拆卸

拆下卡销，再拆下主变速杆。解除制动踏板后，拆下主变速臂。从主换档臂上拆下连接金属件后，再从转向柱上拆下主换档臂。拆下螺栓（3个）后，分离转向柱。

3. 转矩发生器拆装

从液压泵上拆下连接至转矩发生器的液压管，从转矩发生器上拆下连接至升降控制阀的液压管。拆下转矩发生器。组装时应注意正确组装O形环。按图3-22所示分离转向相关部件。组装时在转向轴的花键部、衬套的内侧应涂抹润滑脂。

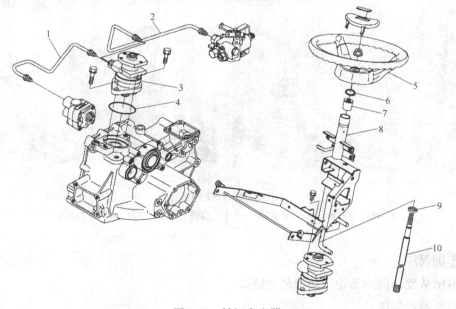

图3-22　转矩发生器

1、2—液压管　3—转矩发生器　4—O形环　5—转向盘　6—外卡环
7—衬套　8—转向柱　9—柱轴环　10—转向轴

十二、HST 的分离

拆下前踏板、机罩后盖、垫子。拆下 HST 带轮安装螺栓（中央 M6 螺栓）。组装时在 HST 带轮安装螺栓上涂抹螺纹密封胶。拆下张紧弹簧后，再拆下变速箱驱动带。组装时将张紧弹簧挂钩较长的一侧朝向张力臂，将挂钩的开口侧朝下组装。以组件的形式拆下 HST 带轮、风扇（键式）。旋松 HST 操作臂的固定螺栓，从 HST 耳轴上拆下 HST 操作臂；拆下中立弹簧。组装时将中立弹簧挂钩较长的一侧挂在 HST 中立臂上。同时，将弹簧穿过踏板支架的内侧，将挂钩开口侧朝上组装。拆下 M8 螺栓（长 75mm，1 个）、M8 螺栓（长 145mm，2 个），再拆下 HST 主体。HST 分离和组装如图 3-23 和图 3-24 所示。

图 3-23　HST 分离
1—张紧弹簧　2—变速箱驱动带　3—HST 带轮　4—HST 带轮
安装螺栓　5—HST 操作臂　6—固定螺栓

图 3-24　HST 组装
1—HST 中立臂　2—踏板支架　3—中立弹簧　4、5—螺栓　6—HST 主体

技能训练

1. 写出从发动机到车轮的动力传递路线。

2. 差速器拆装练习。

3. 说出插秧机转向原理。

4. 插秧虚拟装配训练。

任务二　高速插秧机悬架系统构造与原理

任务要求

☞知识点：

高速插秧机悬架系统构造及工作原理。

☞技能点：

1. 熟悉高速插秧机机悬架系统拆装要点。
2. 掌握高速插秧机悬架系统的拆装步骤。

任务分析

在插秧过程中，机手对田块泥脚深度判断不足造成机器陷在田里，前车轴驱动臂由于进水造成打滑，陷车比较严重时，用拖拉机牵引方法不当会造成发动机支架变形、前轮竖轴弯曲、变速箱壳体破裂等故障。

相关知识

一、悬架系统

悬架是插秧机的车架与车轮之间的一切传力连接装置的总称，作用是传递作用在车轮和车架之间的力和力矩，并且缓冲由不平路面传给车架或车身的冲击力，并衰减由此引起的振动，以保证插秧机能平顺地行驶。车轮悬架系统如图3-25所示。

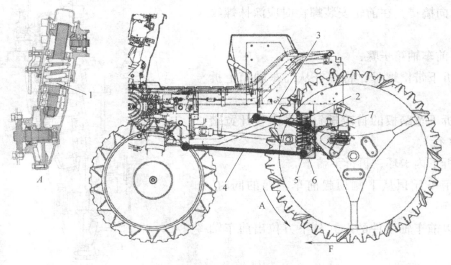

图 3-25　车轮悬架系统
1、2—弹簧　3—上部连杆　4—下部连杆　5—转动支点　6—悬架支架　7—后车轴箱
A—后轮旋转方向　F—将后车轴箱推向前方的力

插秧机的悬架结构有螺旋弹簧以及扭杆弹簧等形式，是插秧机中的一个重要总成，它把车架与车轮弹性地联系起来，关系到插秧机的多种使用性能。插秧机的工作环境比较恶劣，悬架既要满足舒适性要求，又要满足其操纵稳定性的要求，而这两方面又是互相对立的。例如，为了取得良好的舒适性，就要缓冲振动，弹簧就要设计得软些，但弹簧软了却容易发生制动"点头"、加速"抬头"以及左右侧倾严重的不良现象，不利于插秧机的转向，容易导致操纵不稳定等。

高速插秧机独立悬架的车轴分成两段，每只车轮由螺旋弹簧独立安装在车架下面，当一边车轮发生跳动时，另一边车轮不受影响，两边的车轮可以独立运动，提高了平稳性和舒适性。

前轮悬架系统可上下伸缩，左右前车轮箱中内置有弹簧，后轮悬架系统通过 7 个连杆使后车轴箱悬起，并用弹簧进行弹性支撑，悬架支架固定在后车轴箱上，上部连杆、下部连杆、悬架支架通过各支点连接。上部连杆和下部连杆的前端部与主机架结合，这 3 个部件构成的结合体位于左右两侧，安装弹簧后，左右后车轮分别上下移动。后轮朝 A 方向旋转时，将产生将后车轴箱推向前方的力 F。该推力 F 从悬架支架传递到上部连杆与下部连杆，使机体前进。通过加长下部连杆，当弹簧上下动作时，可减少转动支点前后移动的现象。后部悬架拉杆与主机架、后车轴箱结合，可限制后车轴箱朝机体左右方向移动。

▶▶ 任务实施

二、悬架系统拆装

1. 分离前车轴臂箱、前车轴箱

在分离车轴前首先要排出变速箱机油，然后用千斤顶等切实支承发动机架，拆下前轮。注意左右车轮各不相同。组装时一定不要将轮胎的胎肩方向搞错；在前轮安装螺栓时应涂抹螺纹密封胶。

拆下前车轴箱步骤：

1）拆下带槽螺母，将拉杆从前车轴箱上拆下。

2）拆下宽踏板的自攻螺钉，横向移开宽踏板（6、8 行）。

3）拆下内卡环，再拆下盖子。

4）用千斤顶从下侧顶起前车轴箱的同时，拆下外卡环。

5）以前车轴组件的形式从下方拉出前车轴箱。

2. 分解前车轴箱、前车轴臂箱

前车轴相关部件可按图 3-26 分解。

组装时应注意的问题：

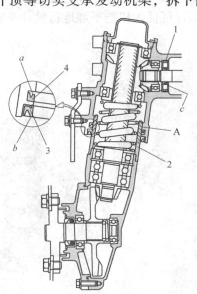

图 3-26　前车轴箱装配图
1—油封　2—套筒　3—尘封　4—垫圈
a—垫圈唇　b—油封唇　c—金属板侧

1）组装油封时，应将金属板侧朝向变速箱侧组装。

2）垫圈的唇部 a、尘封的唇部 b 的朝向应如图 3-26 所示。

3）用适量的垫片进行调整，使前车轴箱内上下两对锥齿轮 12T 锥齿轮与 19T 锥齿轮、9T 锥齿轮与 40T 锥齿轮的齿隙在 0.1～0.3mm 之间。

4）在图 3-26 所示的斜线部分涂抹润滑脂。图中的 A 部分斜线的润滑脂不应涂抹在套筒侧，而应涂抹在前车轴臂箱侧的内侧。

5）锥齿轮齿面应涂抹 50～100g 润滑脂，锥齿轮齿面应涂抹 100～150g 润滑脂。

6）组装套筒和前车轴箱时，应在 ※ 部的四周涂抹螺纹密封胶并压到底。但前车轴箱的 B 部分不应沾上螺纹密封胶。前车轴箱如图 3-27 所示。

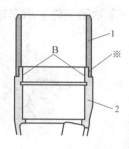

图 3-27　前车轴箱
1—套筒　2—前车轴箱

3. 分离后车轴箱组件

在分离后车轴前首先要排出后车轴箱油。左右侧离合器部主体和输入轴、内部齿轮等不必分离后车轴箱便可更换。后车轴箱输入轴如图 3-28 所示。

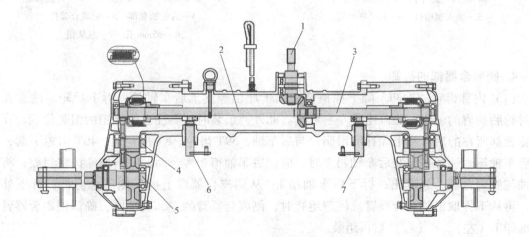

图 3-28　后车轴箱输入轴
1—后车轴箱输入轴　2—左传动轴　3—右传动轴　4—8T 齿轮轴
5—后车轴　6—侧离合器臂（左）　7—侧离合器臂（右）

（1）**拆卸输入轴**　拆下前方万向接头的带头销；将后方万向接头与行走推进轴一起压入内侧，从行走动力输出轴（弧齿锥齿轮轴）上拔下前方万向接头、行走推进轴、后方万向接头；拆下油封，再拆下中间内卡环，取出后车轴箱输入轴组件。注意在组装时各花键部应涂抹润滑脂；后车轴箱输入轴 13T 锥齿轮和左传动轴上 17T 锥齿轮（配合侧）的齿隙为 0.1～0.3mm。在组装时利用输入轴垫片进行调整，后车轴箱输入轴如图 3-29 所示。

（2）**分离后轮悬架总成**　降下插植部，用千斤顶等支承主机架；立起插植部的支架（滑动板导杆），使插植部接地；拆下左右后轮（注意轮胎胎肩的朝向，正确组装左右后轮，组装时还要注意带头销的组装位置，后轮轮毂部所在的后车轴上应涂抹润滑脂）；用车用千斤顶等从下方支承后车轴箱；拆下悬架支架安装螺栓；拆下悬架销安装螺栓（2个）。从悬架支架上拆下销后，分离后轮悬架总成。注意左右组装悬架总成时，使悬架支架的ϕ5mm孔朝向外侧。拆下三个侧杆销（右、左、后）；拆下通气管；慢慢降下千斤顶，分离后车轴箱组件。后车轴箱输入轴结构如图3-30所示。

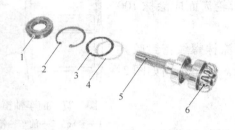
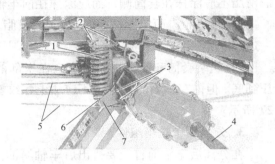

图 3-29　后车轴箱输入轴结构　　　　　　　　图 3-30　后车轴箱输入轴结构

1—油封　2—内卡环　3、4—垫片　　　　　1—悬架总成　2—安装螺栓　3—安装螺栓

5—输入轴组件　6—13T 锥齿轮　　　　　　　4—后轮轴套部　5—侧离合器杆

6—ϕ5mm 孔　7—悬架销

4. 侧离合器部的拆卸

（1）内部齿轮的拆卸　降下插植部，用千斤顶等支承后车轴箱；拆下后轮。注意在组装时轮胎胎肩的朝向，正确组装左右后轮。此外，组装时还要注意带头销的组装位置。在后轮轮毂部所在的后车轴上涂抹润滑脂；与后车轴、39T 齿轮、8T 齿轮轴、40T 齿轮一起，拆下后车轴箱。注意在组装后车轴箱 2 时，应在后车轴箱 2 接合面的密封槽涂抹密封胶；将传动轴与侧离合器一起取出；拆下后车轴箱 1；从侧离合器臂上拆下侧离合器杆；拆下外卡环，再从下方取出侧离合器臂。注意组装时，侧离合器臂的左、右不同，确认侧离合器臂上的刻印 L（左）、R（右）后再组装。

（2）侧离合器的分解　侧离合器的结构如图 3-31 所示。组装侧离合器时，必须在离合器盘上涂抹润滑脂，首先向传动轴上安装从离合器片到 11T 齿轮的部件，如不先安装 11T 齿轮，则无法确定离合器箱的轴心；安装结束后，传动轴和 11T 齿轮必须能顺畅通过。其次，组装内卡环时，在将内卡环装入顶拔器内侧的状态下，挂上顶拔器进行压缩，直至内卡环被压入，内卡环的两个端部不得伸出离合器箱的槽。侧离合器转矩的测定：固定侧离合器部，刚开始时特意旋转 1 圈，进行离合器片与离合器盘的磨合，左侧离合器顺时针旋转，右侧离合器逆时针旋转，转动转矩标准值为 235～285N·m，按照以上方向旋转，转动转矩低于标准值时，检查离合器盘、离合器片的磨损量（离合器盘的厚度使用限度是 1.20mm，标准值是 1.30～1.50mm；离合器片的厚度使用限度是 0.70mm，标准值是 0.74～0.85mm），如果均在使用限度内，则更换离合器弹簧。

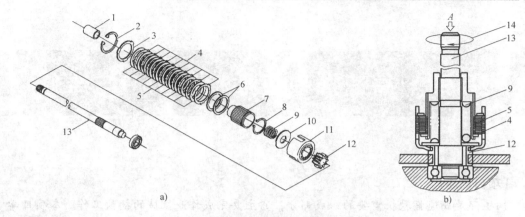

图 3-31　侧离合器的结构

a）侧离合器组件图　b）侧离合器转动转矩

1—轴环　2—内卡环　3、4—离合器片　5—离合器盘　6—花键板

7—花键毂　8—外卡环　9—离合器弹簧　10—侧离合器轴环

11—离合器箱　12—11T 齿轮　13—传动轴　14—旋转方向

技能训练

车轮悬架系统拆装练习。

项目四 高速插秧机插植部构造与维修

【项目描述】

插植部是高速插秧机重要的组成部分，它主要完成作业机械的插秧工作。本项目学习重点是掌握插植部动力传递路线，了解供给箱、插秧箱、插植臂的结构，掌握插秧的基本原理，能对插植部常见故障进行检测与排除。

【项目目标】

1. 掌握典型高速插秧机供给箱的构造及工作原理。
2. 掌握高速插秧机插植部动力传递路线，学会分析插植部动力传递路线图。
3. 手扶插秧机供给箱、插秧箱、插植臂的构造及工作原理。

任务一 高速插秧机传送箱拆装与维修

任务要求

☞知识点：

1. 典型高速插秧机传送箱的构造及工作原理。
2. 典型高速插秧机传送箱的动力传递路线。

☞技能点：

1. 熟悉高速插秧机传送箱的拆装步骤。
2. 掌握久保田高速插秧机传送箱拆装要点，牢记对准标记。

任务分析

有一台高速插秧机起动后，闭合插秧离合器，插植臂动作，但是秧苗纵向传送不良，出现漏插现象，推动主变速手柄，插秧机能够前进和后退。

相关知识

一、动力传递路线

插秧机插植部分是插秧机工作的部件，完成插秧作业，并能根据当地状况进行调节，主要由传送箱、插秧箱、旋转箱、插植臂和载秧台五部分组成。插植部结构如图4-1所示。

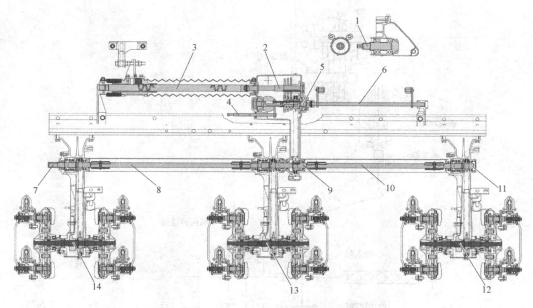

图 4-1　插植部结构

1—输入轴　2—横向传送轴　3—横向传送丝杠　4—横向传送换档杆　5—传送箱 1 号轴　6—纵向
传送凸轮轴　7—左插秧轴　8—左传动轴　9—中央插秧轴　10—右传动轴　11—右插秧轴
12—右旋转驱动轴　13—中旋转驱动轴　14—左旋转驱动轴

动力传递路线：从发动机传出的动力经过 HST（花键）传递给变速箱 1 号轴（齿轮），然后经过副变速档位切换轴（株距调节齿轮）传到 2 号轴，2 号轴与插秧 1 号轴（11T/25T）啮合，通过株距变速换档杆的调整，改变株距大小，动力传递到插秧 1 号轴，经一对锥齿轮传动改变方向后动力经插秧 2 号轴、插秧轴、PTO 轴向插秧机工作部分传递，到传送箱输入轴，此后，在传送箱内动力分为三部分，如图 4-2 所示。

1. 横向传动

此动力路线完成载秧台横向移动：插秧 2 号轴→插秧离合器（花键、万向节）→插秧轴、PTO 轴（圆柱销）→输入轴（13T/13T）→传送箱轴 1（滑键、齿轮结合）→横向传送轴（弹簧销）→横向丝杠（转子、支架）→载秧台。

2. 纵向传动

此动力路线推动秧毯向下输送，保证秧苗供给连续性。路线为：移动插秧 2 号轴→插秧离合器（花键、万向节）→插秧轴、PTO 轴（圆柱销）→输入轴（13T/13T）→传送箱轴 1（滑键、齿轮结合）→横向传送轴（18T/26T、弹簧销）→纵向凸轮轴（通过与单向离合器支架结合）→单向离合器→六角传动轴→带滚轮驱动齿轮→带驱动轮→带。

3. 插秧动力传动

此动力路线完成取秧动作。路线为：插秧 2 号轴→插秧离合器（花键、万向节）→插秧轴、PTO 轴（圆柱销）→输入轴（13T/13T）→传送箱轴 1（链条）→中插秧箱内安全离

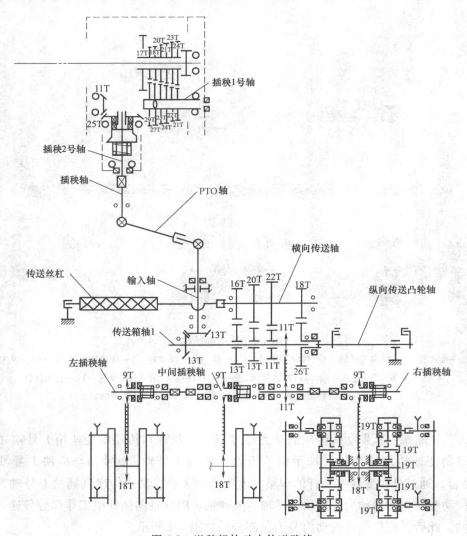

图 4-2 送秧机构动力传递路线

合器轴（平键）→左右插秧箱内安全离合器轴（链条）→旋转箱驱动轴（齿轮）→旋转箱
→插植臂。

二、传送箱的结构与原理

高速插秧机传送箱位于载秧台的下方，是联系变速箱与插秧箱的机构，在传送箱内完成
横向传动、纵向传动、插秧传动三个动力的分配。

1. 横向传送切换机构

高速插秧机横向传送次数有三种，可进行 18、20、26 次取苗量的切换。切换操作与载
秧台的位置无关，通过操作单触式横向传送切换手柄进行切换。其操作手柄在载秧台的下
面，动力经 PTO 轴、输入轴传入传送箱后经过一对锥齿轮（13T/13T）传递，改变传递方
向，到传送箱轴 1。此轴上套有滑键和 3 个齿轮，这 3 个齿轮（13T，13T，11T）分别和横

向传送轴上的 3 个齿轮（18T，20T，22T）结合，从而实现 18、20、26 三种横向取秧次数的切换。切换横向切换手柄后，通过横向传送换档杆使横向传送换档键滑动。该横向传送换档键在切换时，在换档键弹簧的作用下，向传送箱 1 号轴的轴径方向避让。传送箱 1 号轴与横向传送换档键一起转动，而齿轮在横向传送换档键不啮合的状态下不会转动。当 3 个齿轮（13T，13T，11T）中任意一个的齿槽与横向传送换档键的凸起位置吻合时，在换档键弹簧的作用下，横向传送换档键嵌入该齿轮的齿槽中，此齿轮将与传送箱 1 号轴连接，传递动力，驱动横向传送轴和横向传送丝杠，带动载秧台左右移动。此外，传递该动力的齿轮还将通过横向传送轴和带毂 26T 齿轮来驱动纵向传送凸轮轴，在载秧台移动到左右两端时驱动纵向传送带，如图 4-3 所示。

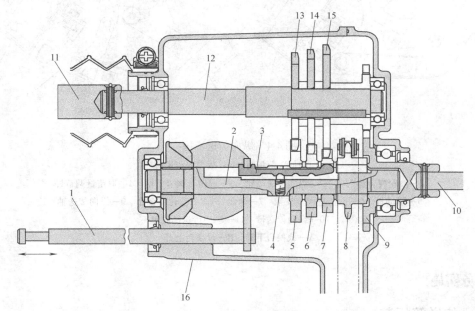

图 4-3　传送箱机构

1—横向传送换档杆　2—传送箱 1 号轴　3—横向传送换档键　4—换档键弹簧

5—13T 齿轮　6—13T 齿轮　7—11T 齿轮　8—链条链轮　9—带毂 26T 齿轮

10—纵向传送凸轮轴　11—横向传送丝杠　12—横向传送轴

13—16T 齿轮　14—20T 齿轮　15—22T 齿轮　16—传送箱

2. 纵向传送机构（取苗量连动式）

纵向传送机构如图 4-4 所示。为使插秧爪的取苗量和纵向传送带的秧苗纵向传送量始终保持相等，与载秧台的上下位置（取苗量）连动，改变纵向传送带的动作量。纵向传送凸轮轴在插植部被驱动时始终旋转，当载秧台到达右端或左端时，纵向传送凸轮顶起滚轮离合器支架，滚轮离合器支架被顶起后，滚轮离合器将驱动纵向传送轴，使纵向传送带动作，这样，载秧台上的秧苗便被传送到下方，滚轮离合器支架被顶到头后，在复位弹簧的作用下返回下方。此时，由于在滚轮离合器内部空转，动力不会被传递到纵向传送轴上，因此纵向传送带不动作。操作取苗量调节手柄，根据操作方向和操作量，通过取苗量调节杆，使滑动板和载秧台上下移动。同时，由于取苗调节支架也沿着取苗量调节杆的牵制杆上下动作，因此滚轮离合器支架被纵向传送凸轮顶起的开始点会改变，导致动作行程发生变化，从而使纵向传送带的动作量也发生改变。

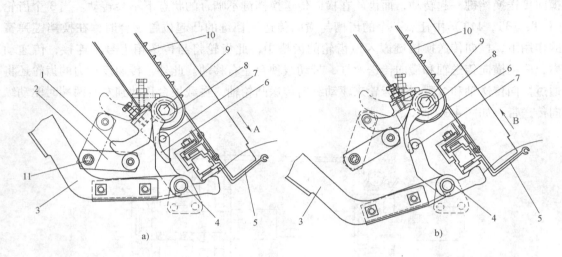

图 4-4　纵向传送机构

a）增加取苗量时　b）减少取苗量时

1—滚轮离合器支架　2—纵向传送凸轮　3—取苗量调节手柄　4—取苗量调节杆

5—滑动板　6—取苗量调节支架　7—牵制杆　8—滚轮离合器　9—纵向传送轴

10—纵向传送带　11—纵向传送凸轮轴

A—载秧台下降　B—载秧台上升

任务实施

三、传送箱拆装

1. 拆卸输入轴

传送箱输入轴如图 4-5 所示。拆下输入轴的油封、内卡环，将锥齿轮、轴承组件与输入轴整体拆下。组装时应确认传送箱侧的对准标记位置切实对准，然后将输入轴的销孔对准传送箱的对准标记；用垫片将锥齿轮的齿隙调节为标准值（垫片厚度为 0.2mm、0.3mm，齿隙标准值为 0.1～0.3mm）。组装输入轴的油封时，应将封唇弹簧朝向传送箱的外侧，将油封上有字的一面朝向传送箱内侧进行组装。

2. 分解与组装传送箱

打开右传送箱（M8 螺栓 7 个、M8 铰孔螺栓 2 个），将传送箱 1 号轴、链条和横向传送轴与相

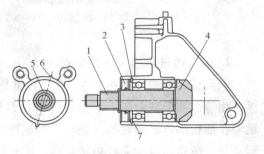

图 4-5　传送箱输入轴

1—输入轴　2—油封　3—内卡环

4—锥齿轮　5—销　6—对准

标记　7—垫片

关部件一起拆下，如图4-6所示。

组装时应注意：左传送箱的横向传送次数设定在26次位置，此时，横向传送换档杆为推到底的位置；各齿轮的齿面、各滑动部、横向传送换档杆滑动部外周、链条部及轴承应充分涂抹润滑脂；组装新品时，传送箱内的润滑脂装入总量为120～170g；组装右传送箱时，应在右传送箱接合面的密封槽内涂抹密封胶；装入传送箱1号轴与横向传送轴时，注意轴上的齿轮标记，同时相啮合的齿轮也要对准标记；组装右传送箱时，有两个固定箱体位置的M8铰孔螺栓，应先紧固铰孔螺栓后再紧固其他M8螺栓；组装油封时，应将封唇弹簧朝向传送箱的外侧，使油封上有字的一面朝向传送箱内侧进行组装；组装传送箱后，应调整传送箱对准标记的位置。

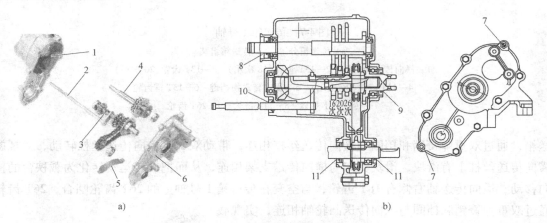

图4-6　传送箱的分解与组装

a）传送箱分解　b）传送箱组装

1—左传送箱　2—横向传送换档杆　3—传送箱1号轴　4—横向传送轴
5—链条张紧器　6—右传送箱　7—铰孔螺栓　8、9、10、11—油封

3. 传送箱1号轴

传送箱1号轴如图4-7所示传送箱1号轴上有一组三个齿轮（13T/13T/11T齿轮，分别取秧18/20/26次用），用来改变横向送秧次数，通过横向传送换档杆带动横向传送换档键，当横向传送换档键的凸起部与齿轮毂槽对准时齿轮起作用，横向传送换档键下端有一个小弹簧和一个钢球，用以保证能够顺利改变横向取秧次数；传送箱1号轴上装有一个链轮，用以向插植臂传递取苗动力。组装传送箱1号轴时应切实注意：在传送箱1号轴键槽中先放入弹簧后放入钢球，在横向传送换档键的槽内装入横向传送换档杆的圆孔部；横向传送齿轮侧面带有对准标记，对准标记（箭头）侧组装（将传送箱1号轴组装在左传送箱时，能看见对准标记的方向）；11T链轮正反面不同。将毂部较长的一侧朝向传送箱右侧组装；必须充分涂抹润滑脂后组装。

4. 横向传送轴

横向传送轴如图4-8所示，其上有一组三个齿轮，18T齿轮、20T齿轮、22T齿轮分别与传送箱1号轴上的一组三个齿轮相啮合，用来改变横向送秧次数。横向传送轴左端伸出传

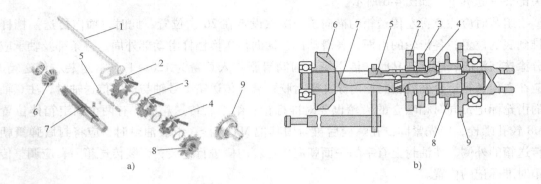

图 4-7　传送箱 1 号轴

a) 传送箱分解　b) 传送箱组装

1—横向传送换档杆　2—13T 齿轮(18 次用)　3—13T 齿轮(20 次用)

4—11T 齿轮(26 次用)　5—横向传送换档键　6—13T 锥齿轮

7—传送箱 1 号轴　8—11T 链轮　9—26T 齿轮

送箱,通过双重弹簧销和挡圈与横向传送丝杠相连,带动双螺旋横向传送丝杠转动,双螺旋横向传送丝杠上有滑块,滑块支架与横向传送支架相连,从而把旋转运动转化为载秧台的横向移动。横向传送轴右侧有 18T 齿轮,与空套在传送箱 1 号轴上的 26T 齿轮啮合,26T 齿轮通过双重弹簧销和挡圈与纵向传送凸轮轴相连,实现载秧台的纵向送秧。

在组装横向传送轴时,改变横向传送次数用的 18T 齿轮、20T 齿轮、22T 齿轮上有冲压标记。将横向传送轴装入左传送箱时,应使冲压标记朝向可以看见的方向组装;传送箱侧的球轴承和内卡环应预先组装好且充分涂抹润滑脂后组装,轴承内也应充填润滑脂。

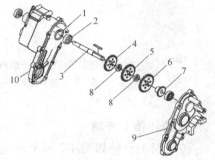

图 4-8　横向传送轴

1—内卡环　2—轴承　3—横向传送轴

4—16T 齿轮　5—20T 齿轮　6—22T 齿轮

7—18T 齿轮　8—横向传送轴环

9—右传送箱　10—左传送箱

5. 传送箱内部位置的对准

(1) 传送箱 1 号轴和横向传送轴　使传送箱 1 号轴的 3 个齿轮的所有对准标记与键相对,使所有齿轮啮合后组装到左传送箱上 (仅横向传送 20 次用的齿轮键槽与对准标记的位置偏离);横向传送轴上对准标记对准传送箱 1 号轴两个冲压或开口标记中间,如图 4-9 所示对准标记 1。

(2) 链条与 11T 链轮　组装链条与 11T 链轮时应注意两个标记:一是组装传送箱链条时,传送箱 1 号轴的键和横向传送轴的键位置相对;二是插秧轴侧的 11T 链轮的键槽与传送箱的对准标记对准。

组装传送箱 1 号轴的 11T 链轮和插秧轴的 11T 链轮 (2 个) 时,应将毂部较长的一侧朝向传送箱右侧,如图 4-10 所示的对准标记 2。

（3）纵向传送驱动相关齿轮（26T 齿轮、18T 齿轮） 传送箱 1 号轴和横向传送轴上分别有一个齿轮，两齿轮相啮合实现纵向送秧传递。组装时，将横向传送轴上 18T 齿轮的标记与传送箱 1 号轴 26T 齿轮的标记（冲压标记）对准，如图 4-11 所示的对准标记 3。

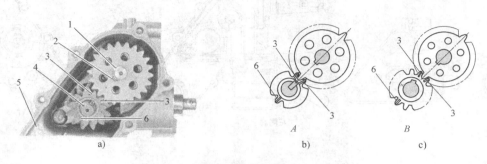

图 4-9 对准标记 1

a）组装后对准标记 b）横向传送 16、26 次用齿轮的位置关系

c）横向传送 20 次用齿轮的位置关系

1—横向传送轴 2—键 3—对准标记 4—传送箱 1 号轴

5—左传送箱 6—横向传送 20 次用齿轮

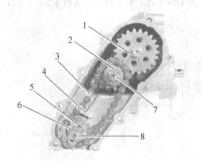

图 4-10 对准标记 2

1、2—键 3—传送箱链条 4—对准标记

5—键槽 6—11T 链轮 7—传送箱 1 号轴

8—插秧轴

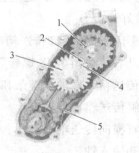

图 4-11 对准标记 3

1—18T 齿轮 2—对准标记 3—26T 齿轮

4—对准标记（冲压标记） 5—链条张紧器

（4）确认组装后的传送箱 将传送箱 1 号轴组件、横向传送轴组件、链轮组件、纵向传送驱动相关齿轮等装入左传送箱后，右传送箱与左传送箱对齐，先装入两个固定箱体位置的 M8 铰孔螺栓，再装上其他 M8 螺栓。这时仔细检查壳体外部的对准标记，标记有四处：①输入轴的销孔方向应与传送箱的对准标记对准，如图 4-12 中的 1 所示；②横向传送轴的倒角销孔方向应与传送箱的对准标记对准，如图 4-12 中的 2 所示；③插秧轴侧的 11T 链轮的键槽应与传送箱的对准标记对准，如图 4-12 中的 3 所示；④26T 齿轮的销孔方向应与传送箱的对准标记对准，如图 4-12 中的 4 所示。注意接合纵向传送凸轮轴时，需在 26T 齿轮有倒角的孔一侧，对准纵向传送凸轮轴的冲压标记。各标记对齐并转动输入轴，确保转动灵活。

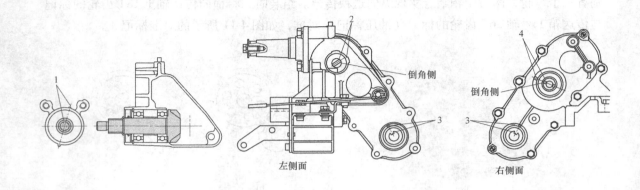

左侧面   右侧面

图 4-12　传送箱对准标记

>>> **技能训练**

针对任务导入出现的漏插现象，仔细检查各部位，确认是传送箱部位故障时，应该是纵向传送凸轮轴连接销损坏，处理方法是更换连接销，更换时在轴与孔上做标记，对齐后装入连接销并装好弹簧卡。

1. 按照下列步骤拆卸传送箱

1）打开右传送箱（M8 螺栓 7 个、M8 铰孔螺栓 2 个）。

2）将传送箱 1 号轴、链条和横向传送轴与相关部件一起拆下。

3）分解传送箱 1 号轴。

4）分解横向传送轴。

5）拆卸输入轴。

2. 按照下列步骤组装传送箱

1）组装插秧箱 1 号轴。

2）组装横向传送轴。

3）组装链条与 11T 链轮。

4）组装纵向传送驱动相关齿轮（26T 齿轮、18T 齿轮）。

5）确认组装后的传送箱。

任务二　高速插秧机插秧箱拆装与维修

>>> **任务要求**

☞知识点：

1. 熟悉典型高速插秧机插秧箱的构造及工作原理。

2. 熟悉典型高速插秧机插秧箱内安全离合器与离合器的结构与原理。

☞技能点：

1. 熟悉高速插秧机插秧箱的拆装步骤。
2. 掌握久保田高速插秧机插秧箱拆装要点，牢记对准标记。

任务分析

插秧机在田里高速插秧时，机手操作各离合器手柄，有可能导致离合器销和高速旋转的凸轮发生打滑，造成离合器销异常磨损，严重时导致插秧箱离合器销处壳体开裂。正确的操作方法是：插植部在停止或者低速插秧时操作各离合器手柄。

相关知识

高速插秧机的插秧箱是动力的中间传递机构，它连接传送箱和旋转箱，主要由插秧轴组件、旋转驱动轴组件以及它们之间的传动链条组成。在插秧轴上设有安全离合器，在旋转驱动轴上有插秧离合器。

一、安全离合器

安全离合器设置在各插秧箱内前侧的插秧轴上。插秧轴与转矩限位器啮合，9T 链轮为自由状态。动力按照插秧轴→转矩限位器→9T 链轮→插箱链条的顺序传递，驱动旋转驱动轴。旋转驱动轴驱动旋转箱及插植臂。通常，转矩限位器和 9T 链轮的爪部在限位器弹簧的张力作用下啮合，以传递动力。如果插植臂的插秧爪碰到石头等会使旋转驱动轴侧承受过大的负荷，则爪部脱开，动力也随之断开，从而保护轴及齿轮等免遭损坏。高速插秧机安全离合器的工作原理与手扶式插秧机安全离合器相同，如图 4-13 所示。

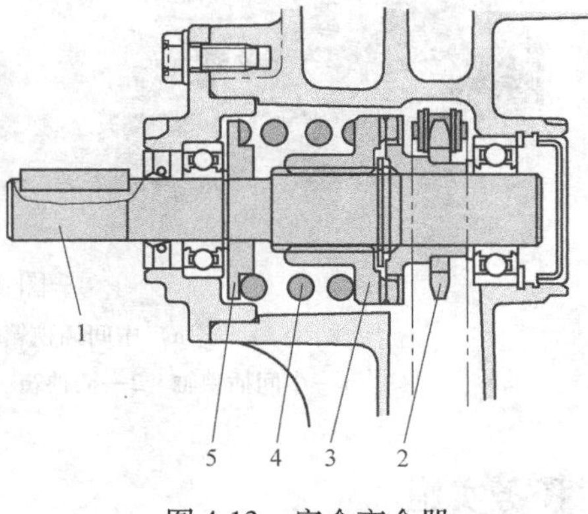

图 4-13　安全离合器

1—插秧轴　2—9T 链轮　3—转矩限位器
4—转矩限位器弹簧　5—转矩限位器轴环

二、插秧离合器

各离合器设置在插秧箱后侧的旋转驱动轴上，如图 4-14 所示。与手扶式插秧机的结构原理相似，只不过手扶式插秧机旋转驱动轴的一周上有一个停止位置，而高速插秧机上有两个停止位置。

三、中间插秧箱

中间插秧箱与两侧的插秧箱不同，中间插秧箱内的中间插秧轴连接传送箱与插秧轴，同时连接左、右传动轴，把动力传递到左、右插秧箱的左、右插秧轴，驱动第一行、第二行和第五行、第六行插秧。中间插秧箱的结构如图 4-15 所示，中间插秧轴上共有三个键，组装时要涂抹润滑脂，组装油封时，应将油封夹（弹簧）侧朝向传送箱的外侧。通过端盖压入插秧轴，直至油封插入传送箱。

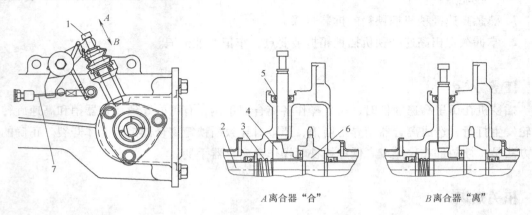

A离合器"合"　　　　　　B离合器"离"

图 4-14　插秧离合器

1—各行离合器销　2—旋转驱动轴　3—各行离合器弹簧　4—各行爪离合器
5—油封　6—各行链轮　7—各行离合器拉索

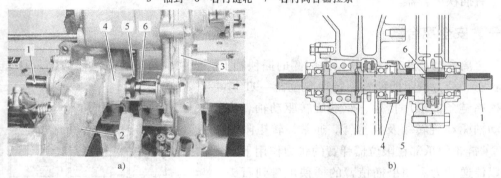

a)　　　　　　　　　　　　　b)

图 4-15　中间插秧箱

a）中间插秧箱与传送箱　b）中间插秧轴结构

1—中间插秧轴　2—插秧箱　3—传送箱　4—外盖　5—油封　6—外卡环

任务实施

四、分解、组装插秧箱

（1）插秧箱的分解　拆下排油螺栓，排出润滑油；拆下插秧箱盖；拆下左侧插秧箱毂，拔出旋转驱动轴；拆下键、插秧箱支座，拔出插秧轴组件。从插秧箱后方取出箱体内的部件，包括插秧箱链条、链轮、插秧爪离合器、链条张紧器等。

在组装插秧箱链条或链轮、插秧爪离合器前，将链条张紧器装入插秧箱；将对准了位置的插秧箱链条和 9T 链轮、18T 链轮组装在插秧箱内，并注意链轮正反面的朝向。

（2）插秧箱链条的组装（图 4-16）　在组装插秧箱链条和 9T 链轮、18T 链轮时，应对准插秧箱链条的白油漆部位和各链轮的对准标记（插秧箱链条的白油漆标记消失时，在 12 环链节间做好两处标记后组装）。同时，组装插秧箱时，应注意各链轮的正反面。

在竖起插秧箱的状态下，先将链条张紧器装入插秧箱内。对准 18T 链轮、9T 链轮和插

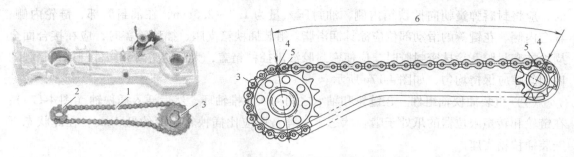

图 4-16 插秧箱链条的组装
1—插秧箱链条 2—9T 链轮 3—18T 链轮 4—白油漆标记
5—对准标记 6—12 环链节（外链节）

秧箱链条的对准标记后，用手指按住 18T 链轮和插秧箱链条的对准位置，将插秧箱链条和 9T 链轮向下垂下。此时，9T 链轮和插秧箱链条的对准标记位置会发生错位，但并无影响。将 9T 链轮、插秧箱链条以及 18T 链轮装入竖起的插秧箱内。将插秧箱左侧朝上横向放倒，对准 9T 链轮和插秧箱链条的对准标记。

（3）组装旋转驱动轴 在链轮和插秧箱毂（图 4-17a）之间夹入止推轴环，对准旋转驱动轴（图 4-17b）和插秧爪离合器的对准标记后，将旋转驱动轴插入插秧箱。组装各油封

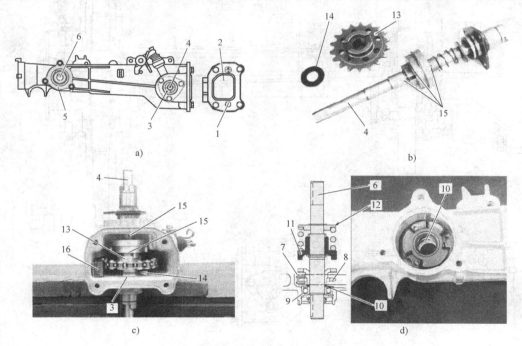

图 4-17 插秧箱
a）插秧箱组成 b）旋转驱动轴 c）旋转驱动轴装配 d）插秧轴
1—排油螺栓 2—插秧箱盖 3—插秧箱毂 4—旋转驱动轴 5—插秧箱支座 6—插秧轴 7—插秧箱链条
8—9T 链轮 9—轴承 10、14—止推轴环 11—转矩限位器 12—弹簧座 13—18T 链轮
15—对准标记 16—链条张紧器

时，应将封唇弹簧朝向插秧箱内侧，油封压入量为 1.7～2.5mm，在油封唇部、链轮内侧、轴套内侧、花键等的滑动部位应涂抹润滑脂。组装插秧箱支座、插秧箱盖时，应在接合面全周涂抹密封胶。涂抹密封胶时，应使密封胶渗出插秧箱盖，太阳轮密封导向件与插秧箱毂的四周间隙应保持均匀，如图 4-17c 所示。

（4）组装插秧轴组件　在链轮和轴承之间夹入止推轴环，然后插入插秧轴（图 4-17d）；在链轮和转矩限位器的爪处于啮合状态下，弹簧座应比插秧箱端面约低 4mm。在此状态下安装插秧箱支座。

（5）确认组装后的插秧箱　将旋转驱动轴组件和插秧轴组件装入插秧箱后，组装各油封，此时，应将封唇弹簧朝向插秧箱内侧，并在油封唇部、链轮内侧、轴套内侧、花键等的滑动部、O 形环、O 形环组装部等部位涂抹润滑脂；油封在插秧箱壳体的压入量 $H=1.7～2.5mm$；组装插秧箱支座、插秧箱盖时，应在接合面全周涂抹密封胶，涂抹密封胶时，应使密封胶渗出插秧箱盖，如图 4-18 中的 b 所示；太阳轮密封导向件与插秧箱毂的四周间隙"S"应保持均匀。最后确认对准标记，将插秧轴键槽与插秧箱对准标记"A"的位置对准时，确认旋转驱动轴的铣削面"B"朝向图 4-18 所示方向，且与竖直方向夹角为 11°。

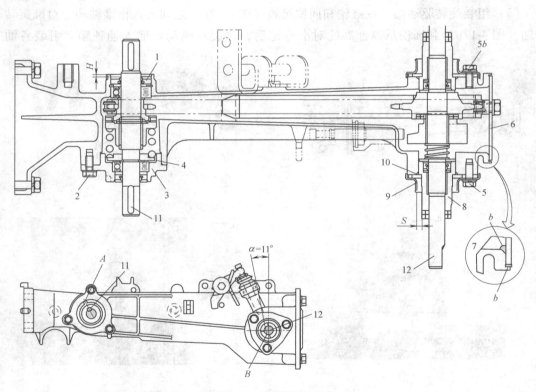

图 4-18　插秧箱标记

1—油封　2—自攻螺钉　3—插秧箱支座　4—弹簧座　5—不锈钢螺栓
6—插秧箱盖　7—涂抹密封胶　8—插秧箱毂　9—太阳轮密封导向件
10—O 形环　11—键槽　12—旋转驱动轴
A—对准标记　B—铣削面

>>> **技能训练**

针对任务导入出现的不良现象，仔细检查各部位，更换离合器销，若导致插秧箱离合器销处壳体开裂，应更换插秧箱，注意对齐后标记。

1. 拆卸插秧箱

1）先将插秧箱内液压油（0.2～0.25L）放尽。

2）打开盖子。

3）拆下插秧箱轴套，拔出旋转驱动轴。

4）拆下插秧箱支座，拔出插秧轴组件。

5）从箱体后方取出内部的部件（链条、链轮、插秧离合器、链条张紧器等）。

6）拆卸插秧轴组件。

7）拆卸旋转驱动轴。

2. 组装插秧箱

1）将链条张紧器装入箱体。

2）将对准位置的链条、链轮组装在箱体内。

3）组装插秧轴组件。

4）组装旋转驱动轴。

5）检查各标记对点。

任务三　高速插秧机旋转箱拆装与维修

>>> **任务要求**

☞ 知识点：

1. 典型高速插秧机旋转箱的构造及工作原理。

2. 典型高速插秧机旋转箱齿轮传动的原理。

☞ 技能点：

1. 熟悉高速插秧机旋转箱的拆装步骤。

2. 掌握久保田高速插秧机旋转箱的拆装要点，牢记对准标记。

>>> **任务分析**

有一台高速插秧机起动后，闭合插秧离合器，部分插植臂不动作，检查插秧离合器、秧针及载秧台均完好，均能够正常纵向和横向传送，推动主变速手柄，插秧机能够前进和后退。

>>> **相关知识**

水稻插秧机是一个复杂的机械系统，分插机构是插秧机的核心工作部件，它是从秧毯中分取一定数量的秧苗插入土中的机构，其性能决定插秧质量、工作可靠性和插秧的效率，从而决定插秧机的整体水平和竞争力。因此，分插机构一直以来都是插秧机研究的重点内容之一。

插秧机主要分为手扶步行式插秧机和乘坐式插秧机两大类，如图4-19所示。乘坐式插秧机适合大田作业，插秧速度快、效率高，但价格贵。手扶步行式插秧机适合小田作业，价格便宜。根据分插机构、插秧箱、人三者在插秧机上的排列方式不同，分插机构分为"前插式"和"后插式"。若分插机构、插秧箱与人三者从后到前排列，则称为"前插式"，反之则称为"后插式"，如图4-20所示。手扶步行式插秧机和乘坐式插秧机的作业方式具有明显的区别，从插秧方式来看手扶步行式插秧机属于后插式作业，即分插机构的秧针指向和插秧机的前进方向相反；乘坐式插秧机属于前插式作业，即分插机构的秧针指向和插秧机的前进方向相同。从作业速度来讲，步行式插秧机的前进速度比乘坐式插秧机慢很多。作业方式和作业速度决定了手扶步行式和乘坐式插秧机对相对运动轨迹要求的不同。

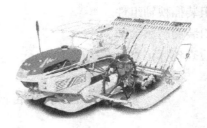

图4-19　插秧机

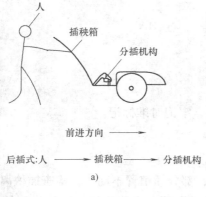

图4-20　插秧方式示意图

a）手扶步行式插秧机（后插式）示意图　b）乘坐式插秧机（前插式）示意图

乘坐式插秧机与手扶步行式插秧机因对分插机构所形成的工作轨迹要求不同，所以其各自配备的分插机构不同。应用在乘坐式插秧机上的分插机构多为高速分插机构，具有两个栽植臂且平行分布，插秧效率高，所形成的工作轨迹如图4-21所示。应用在手扶步行式插秧机上的分插机构称为后插式分插机构，具有一个插植臂，所形成的工作轨迹一般为"海豚形"，如图4-22a所示。在保持轨迹上部圆弧状（为满足取秧和插秧要求）的同时，要使轨迹下部尽量变得窄小（为满足插秧穴口宽度）。而用于乘坐式插秧机的旋转式分插机构，具有双栽植臂结构，因考虑两栽植臂在插秧过程中会发生干涉这一因素，因此，其并不能通过优化得到满足步行式插秧机的海豚形工作轨迹。后插式分插机构的一个工作周期分为四个阶段：取秧、送秧、推秧、回程，如图4-22b所示。图中 a 为取秧点，b 为插秧点，c 为秧针出土点，ab 是送秧过程，bc 是插秧过程，cd 是回程。对分插机构形成的轨迹有多个约束限制条件：

1）为保证插后秧苗的直立性，秧针取秧时与水平线的夹角（取秧角）应在 10°~25° 之间，而在推秧时与水平线的夹角（推秧角）应在 65°~80° 之间。

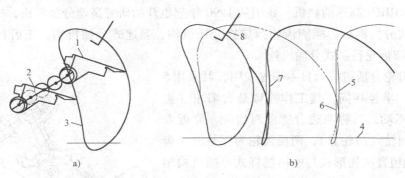

图4-21 高速插秧机运动轨迹

a）插植臂运动轨迹 b）绝对运动轨迹

1、2—插植臂 3—相对运动轨迹 4—地面 5—绝对运动轨迹

6—秧苗 7—绝对运动轨迹 8—插秧箱

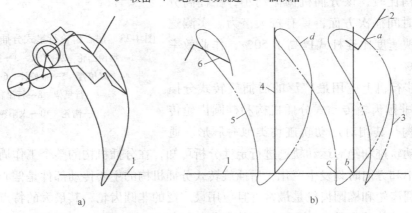

图4-22 手扶步行式插秧机运动轨迹

a）海豚形轨迹（相对运动轨迹）b）绝对运动轨迹

1—地面 2—插秧箱 3—相对运动轨迹 4—秧苗 5—绝对运动轨迹 6—秧针

2）插秧穴口长度（即 bc 间距离）要尽量小（小于或等于30mm），太大会导致所插秧苗倒伏或漂秧。

3）栽植臂的轴心（即行星轮轴心）轨迹不能与已插秧苗的中底部接触，以免碰伤已插的秧苗。

4）秧针达到最低点之前完成推秧动作。

5）栽植臂在取秧时秧针的支撑部位不能碰撞秧门。

6）推秧角与取秧角的角度差为插秧箱的倾斜角。

7）为了减少伤根，理想的取秧块应该近似为矩形，秧针轨迹要与插秧箱的方向垂直或近似垂直。

从1980年起，国外开始致力于高速水稻插秧机新型分插机构的研究，用以代替传统的曲柄摇杆式分插机构。日本农机化研究所开发的偏心齿轮行星式分插机构和椭圆齿轮行星式分插机构就是其中的代表。1986年日本开始研制带有旋转式分插机构的高速插秧机，代表机型有YamarRR60高速插秧机。我国从1990年起也开始研究高速分插机构，成果主要有偏心齿轮行星式分插机构、椭圆齿轮行星式分插机构、差速式分插机构、正齿行星系分插机构、偏心-非圆齿轮行星式分插机构。

非圆形齿轮分插机构由日本率先发明，共采用5个偏心齿轮，半径相同，其工作原理是太阳轮（齿轮Ⅰ）固定不动，对称两边分置两对齿轮，靠近太阳轮的为中间轮（齿轮Ⅱ），两端齿轮为行星轮（齿轮Ⅲ），其栽植臂结构形式与曲柄摇杆式分插机构相近。由于栽植臂的两端分别配置秧爪，驱动轴旋转一周，插秧两次，如图4-23所示。但齿隙变化会引起振动，需增加防振装置，结构较复杂。与曲柄摇杆式分插机构比较，该分插机构振动小，在提高分插机构单位时间插次方面，具有较大潜力。实测这种插秧机插秧速度比连杆式提高了50%，作业效率也提高了32%。

目前，步行机上应用最广泛的后插旋转式分插机构是偏心-非圆齿轮传动式分插机构和椭圆齿轮传动式分插机构，其相对运动轨迹均类似海豚形。通

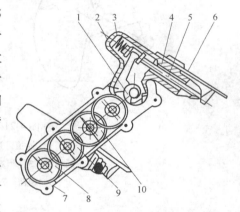

图4-23 偏心齿轮行星式分插机构示意图
1—推秧凸轮 2—拨叉 3—推秧弹簧
4—栽植臂 5—推秧杆 6—秧爪
7—行星架 8—行星轮
9—惰轮 10—太阳轮

过对相对运动轨迹和绝对运动轨迹进行定性分析可知，在分插机构的整个工作周期内，秧针点的速度大小和方向时刻发生变化。后插旋转式分插机构的主要传动部件是偏心齿轮或椭圆齿轮。偏心圆齿轮和椭圆齿轮是最常见且应用最广泛的非圆齿轮，其最大的特点是能够实现非匀速传动，其传动比随主动齿轮转角的变化而不断地变化，因此，不断变化的传动比是满足插秧轨迹要求的重要因素。

一、旋转箱结构

NSPU68C插秧机采用非圆形齿轮，改变了偏心齿轮的转速。同时，采用非圆形齿轮后，齿轮数减少到了5个。这样，就提高了动力传递性，实现了轻量化，可进行高速插秧。旋转

箱的结构如图 4-24 所示。

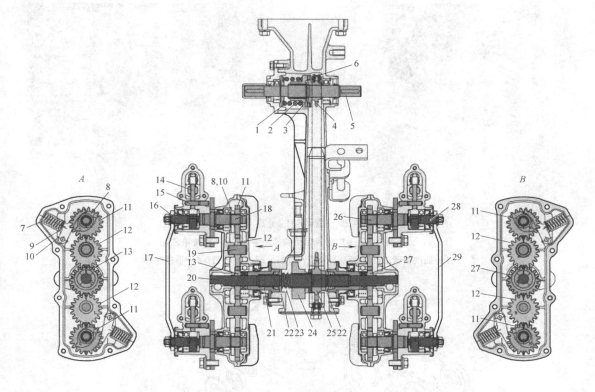

图 4-24　旋转箱

1—轴环　2—转矩限位弹簧　3—转矩限位器　4—9T 链轮　5—插秧轴　6—插秧箱链条　7—防摆弹簧

8—防摆凸轮　9—弹簧座　10—防摆手柄　11—偏心齿轮　12—中间齿轮　13—左太阳轮

14—推出臂　15—支点销　16—左凸轮轴　17—左旋转驱动臂　18—左偏心齿轮轴

19—平行销　20—旋转驱动轴　21—插秧箱毂　22—止推轴环　23—各行弹簧

24—各行爪离合器　25—18T 链轮　26—左偏心齿轮　27—右太阳轮

28—右凸轮轴　29—右旋转驱动臂

>> **任务实施**

二、分解与组装旋转箱

（1）旋转箱的分离　旋转箱的分离与装配如图 4-25 所示。分离时，先旋松带销螺栓的 M8 螺母，将螺母与带销螺栓端面接合；用锤子等同时敲打螺母和带销螺栓端面，松动带销螺栓后将其拆下；从旋转驱动轴上拔出旋转箱。以组件状态安装插植臂和旋转箱时，应调整好插秧爪和取苗口导杆的间隙；对准带销螺栓和旋转驱动轴的平面部，紧固带销螺栓；将旋转箱插入旋转驱动轴时，旋转驱动轴端面与旋转箱相比，间隙 L 超过 2mm 时，会导致插秧箱毂凹凸部的啮合不充分，因此必须对准凹凸啮合部后再插入旋转箱。

（2）分解旋转箱　旋转箱结构如图 4-26 所示，主要由五个齿轮和两个防摆手柄组成。

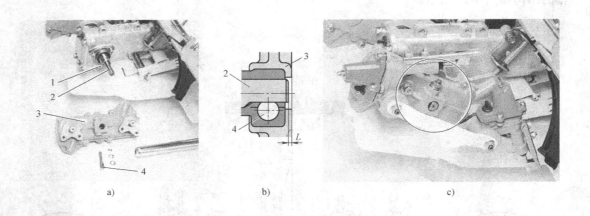

a)   b)   c)

图 4-25   旋转箱的分离与装配

a）分离旋转箱   b）旋转驱动轴铣削端面   c）旋转箱装配

1—插秧箱毂的凸凹部   2—旋转驱动轴   3—旋转箱   4—带销螺栓

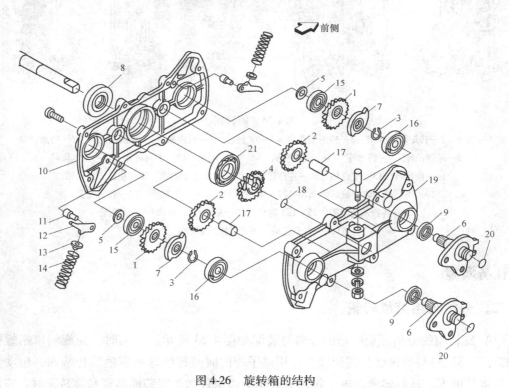

图 4-26   旋转箱的结构

1—偏心齿轮   2—中间齿轮   3—卡环   4—右太阳轮   5—垫片（厚0.2mm）

6—右偏心齿轮轴   7—防摆凸轮   8、9—油封   10—右侧内部旋转箱体

11—防摆手柄支点销   12—防摆手柄   13—弹簧座   14—防摆弹簧

15、16、21—轴承   17—圆柱销   18、20—O形环   19—右外旋转箱体

拆卸步骤：

1）先将旋转箱上的螺钉拧下。

2）打开旋转箱。

3）拆卸箱内各部件。

（3）组装旋转箱 如图4-27所示，组装时应注意：组装油封时，应将封唇弹簧朝向旋转箱内侧；组装偏心齿轮轴的油封，压入深度H应为2.3~2.6mm；组装偏心齿轮轴时，注意轴上标记要对准偏心齿轮上较远的那个标记，同时所有的标记都处于一条直线上，必须用胶带等包裹好花键后再组装，以免弄伤花键部的油封唇部；组装偏心齿轮轴相关部件后，盖上旋转箱盖，确认偏心齿轮轴的间隙S，若间隙较大，则用垫片进行调节，使$S \leqslant 0.3$mm；组装偏心齿轮轴、偏心齿轮和防摆凸轮时，应对准相互间的对准标记。太阳轮上的标记与中间齿轮上的标记对齐，所有轴、齿轮上的标记成一条直线，向旋转箱内充填约70g润滑脂，然后在各齿轮、支点销、防摆手柄、O形环、油封、轴承等的接触部、滑动部涂抹润滑脂。在旋转箱的接合面及倒角部四周涂抹密封胶，并使密封胶渗出箱体。

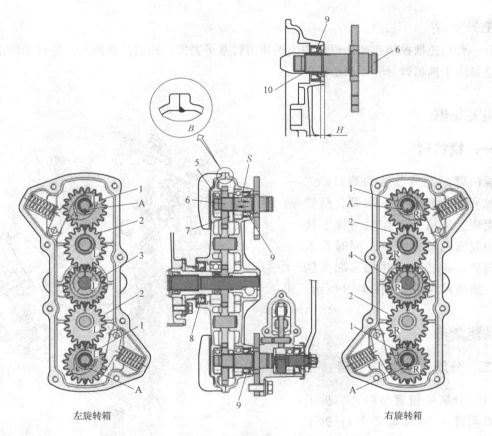

左旋转箱 右旋转箱

图4-27 旋转箱的组装

1—偏心齿轮 2—中间齿轮 3—左太阳轮 4—右太阳轮 5—垫片（厚0.2mm）

6—右偏心齿轮轴 7—防摆凸轮 8、9—油封 10—端盖 A—对准标记

1. 根据拆装步骤完成旋转箱拆装。

2. 完成任务工单。

任务四　高速插秧机插植臂拆装与维修

任务要求

☞知识点：

1. 典型高速插秧机插植臂的构造及工作原理。

2. 典型高速插秧机插植臂的齿轮结构。

☞技能点：

1. 掌握高速插秧机插植臂的拆装步骤。

2. 掌握久保田高速插秧机插植臂拆装要点，牢记对准标记。

任务分析

有一台高速插秧机在插秧过程中出现插植臂塞子丢失，插植臂进泥水，导致无法正常取秧。这是由于插植臂保养不当造成的。

相关知识

一、插植臂

插植臂是完成取秧的装置，主要由秧针、推秧器、推出臂、凸轮轴等组成。插植臂工作时与泥水接触，因此密封性能要好，同时每天工作前要仔细检查，并加入润滑脂润滑。插植臂的结构如图4-28所示。

技能学习

二、分解、组装插植臂

（1）分解插植臂与组装　拆下旋转驱动臂（M8 螺母 2 个）；拆下插植臂安装螺栓（M8，2 个），拔出插植臂。插植臂与偏心齿轮轴之间装有适量调节用垫片。

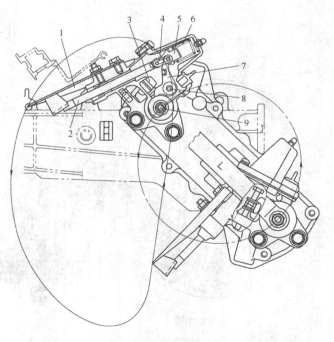

图 4-28　插植臂的结构

1—插秧爪　2—推杆　3—缓冲橡胶　4—链条接头　5—弹簧支架
6—推出弹簧　7—推出臂　8—支点销　9—凸轮轴

组装时应注意：旋转驱动臂的孔和插植臂的凸轮轴对准时，由于凸轮轴的截面形状为梯形，因此应对准旋转驱动臂的梯形孔与凸轮轴的梯形形状进行组装。在推杆处于取苗、缩回、栽插的位置时确认推出状态，先将旋转驱动臂的梯形孔嵌入一侧的凸轮轴，然后一边转动旋转驱动臂一边将其嵌入另一侧的凸轮轴中，这样比较容易组装。分解后的插植臂如图4-29所示。

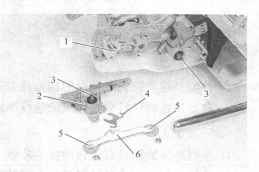

图4-29　分解后的插植臂
1—偏心齿轮轴　2—插植臂　3—凸轮轴
4—垫片　5—梯形孔　6—旋转驱动臂

（2）分解插植臂与组装　一边按住插植臂盖罩一边拆下4个小螺钉，然后拆下插植臂盖罩；拆下链条接头，向外拔出推杆。

将O形环与支点销拔出，然后拆下推出臂。拔出油封2，拆下内卡环。将轴承与凸轮轴一起拔出，最后拆下垫圈。分解插植臂后的各零部件如图4-30所示。

组装时应注意的问题：组装油封1、2时，应将封唇弹簧朝向插植臂箱体内侧；向插植臂内（斜线部分）充填约10g润滑脂；在推出弹簧后，向整个线圈涂抹约8g润滑脂；组装插植臂盖罩前，应涂抹密封胶；在油嘴的螺纹部涂抹螺纹密封胶；组装后，须进行推杆的检查。

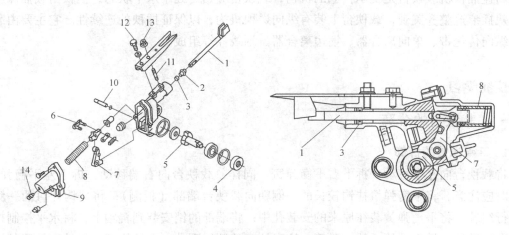

图4-30　分解插植臂后的各零部件
1—推杆　2—主尘封　3—油封1　4—油封2　5—凸轮轴　6—链条接头
7—推出臂　8—推出弹簧　9—插植臂盖罩　10—支点销
11—双头螺柱　12—螺栓　13—螺母　14—油嘴

技能训练

1. 根据拆装步骤完成插植臂拆装。
2. 完成任务工单。

任务五 高速插秧机载秧台拆装与维修

▶▶ 任务要求

☞ 知识点：

1. 典型高速插秧机载秧台的构造及工作原理。

2. 典型高速插秧机载秧台纵向送秧原理和滚轮离合器结构。

☞ 技能点：

1. 掌握高速插秧机载秧台的拆装步骤。

2. 掌握久保田高速插秧机载秧台拆装要点，牢记对准标记。

▶▶ 任务分析

有一台高速插秧机起动后，闭合插秧离合器，插植臂动作，但是秧苗纵向传送不良，出现漏插现象，推动主变速手柄，插秧机能够前进和后退。拿掉秧毯后检查后发现，载秧台能够左右移动，插植臂旋转，但是纵向输送带不动作。

▶▶ 相关知识

高速插秧机载秧台是支承秧毯的机构，载秧台应始终处于水平状态，使秧苗栽插深度稳定，栽插痕迹整齐美观，载秧台上装有纵向送秧机构，以保证插秧的连续性。它主要由载秧台、纵向传送带、单向离合器、埂边离合器、划线杆等组成。

▶▶ 技能学习

一、载秧台的分离

1. 平衡弹簧的拆卸

将载秧台向左端移动，拆下右平衡弹簧。同样，载秧台向右端移动，拆下左平衡弹簧。组装时应注意：将平衡弹簧挂钩较长的一侧朝向载秧台端部（板侧），将挂钩开口的一侧朝上进行组装；将平衡弹簧装在原来的安装孔中；将端部的销安装到辊轴上，将水平控制拉索缠绕在辊轴的沟槽内，然后挂上弹簧，注意拉索的缠绕圈数；在挂钩部及辊轴和拉索的接触部涂抹润滑脂。

2. 各行离合器拉索及离合器手柄的拆卸

从插秧箱的调节部上拆下各行离合器拉索并将各行离合器拉索装回原位。注意各行离合器拉索穿过线箍时应穿过白环的内侧及线夹。拆下各行离合器手柄的安装螺栓，然后再拆下各行拉索的卡销，再拆下各行离合器手柄。

3. 横向传送支架的拆卸

拆下安装螺栓，再拆下横向传送支架。组装后，要调节载秧台的横向分配。横向传送支架拆卸如图 4-31 所示。

二、分解载秧台

1. 纵向传送杆、横梁的拆卸

纵向传送杆、横梁的拆卸如图 4-32 所示。首先拆下拉伸弹簧，拉伸弹簧有两种，各 2 个，线径细的弹簧组装在纵向传送杆的左右两端。再从纵向传送带间以纵向传送带轮组件拔出纵向传送杆；拆下秧苗用尽传感器的连接器；拆下横梁的安装螺母、自攻螺钉，从纵向传送带间将横梁和插秧线束一起拔出。

2. 纵向传送轴、带轮相关部件分离

首先拆下右侧纵向传送轴支座、纵向传送轴支座 1、纵向传送轴支座 2、左侧纵向传送轴支座的安装螺母，与纵向传送轴一起分离。将纵向传送带的单面从中间折弯，然后从载秧台的间隙中向后拔出。纵向传送轴与纵向传送带轮相关部件如图 4-33 所示。

图 4-31　横向传送支架拆卸
1—安装螺栓　2—横向传送支架

图 4-32　纵向传送杆、横梁的拆卸
1—弹簧（细）　2—纵向传送杆　3—弹簧（粗）　4—秧苗用尽传感器
5—横梁　6—插秧线束　7—纵向传送带轮

组装时应注意：纵向传送轴和各部件的接触面应涂抹润滑脂，但注意不要使润滑脂沾到纵向传送带上；将纵向传送驱动带轮插入带轮连接管时，应对准端面后组装；组装至载秧台后，需确认纵向传送驱动带轮不会接触到载秧台。

3. 纵向传送滚轮离合器（单向离合器）的分离

拆下纵向传送支座 1 组件。可按图 4-34 所示单向离合器分解纵向传送滚轮离合器部。组装时应注意：滚轮离合器（单向离合器）侧面刻印有表示驱动方向的"箭头"，应将刻印箭头按图 4-34 所示组装。另外，按住该刻印面，从辊轴支座的端面压入，距辊轴支座的端面距离（L）为 4.2～4.4mm；组装油封时须将尘封朝向外侧；另外，应将油封装入至内侧，与滚轮离合器支座端面的距离 C 为 0～0.2mm；向滚轮离合器支座内侧涂抹润滑脂后，压入

滚轮离合器、油封。另外，还应在油封的唇面涂抹润滑脂。纵向传送凸轮和滚轮离合器支座的接触部（A部）、隔片（滚轮离合器）的内、外侧也要涂抹润滑脂。

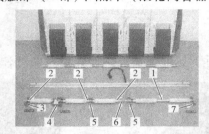
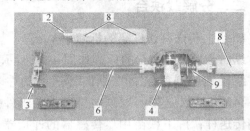
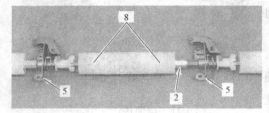
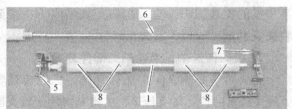

图4-33　纵向传送轴与纵向传送带轮相关部件

1、2—带轮连接管　3—右侧纵向传送轴支座　4—纵向传送轴支座1

5—纵向传送轴支座2　6—纵向传送轴　7—左侧纵向传送轴支座

8—纵向传送驱动带轮　9—E形挡块

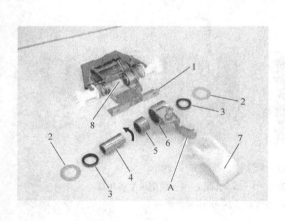
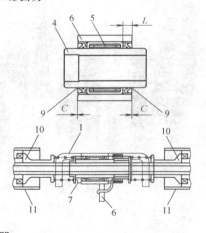

图4-34　单向离合器

1—纵向传送支座1组件　2—密封轴环　3—油封　4—滚轮离合器轴套

5—滚轮离合器（单向离合器）　6—滚轮离合器支座　7—取苗量调节支架

8—隔片（滚轮离合器）　9—尘封　10—各行插秧爪离合器

11—纵向传送驱动带轮

三、分离插秧箱、传送箱

1. 滑动板、取苗量调节手柄、杆的分离

拆下滑动金属件安装螺栓（M8 螺栓1个，共3处），与导苗器一起朝上拉出滑动板。

组装时应注意将滑动金属件切实嵌入滑动板的凹陷部后，紧固螺栓。拆下安装取苗量调节手柄的螺栓（M8 螺栓 2 个），接着拆下拉伸弹簧，然后再拆下取苗量调节手柄。拆下取苗量调节杆支架。拆下取苗量调节杆安装螺栓，然后拆下取苗量调节杆，拔出滑动金属件。组装时应在滑动金属件的滑杆部涂抹润滑脂；滑动金属件有两种（螺栓孔分为圆孔和长孔）；将圆形螺栓孔的滑动金属件安装在最左侧的插秧箱上。滑动板取苗量调节手柄如图 4-35 所示。

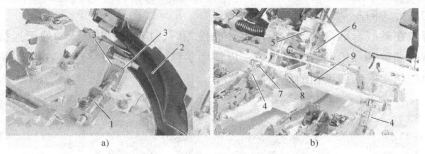

图 4-35　滑动板取苗量调节手柄

a）滑动板拆卸　b）取苗量手柄拆卸

1、4—滑动金属件　2—导苗器　3—凹陷部　5—拉伸弹簧　6—取苗量调节手柄
7—螺栓　8—取苗量调节杆支架　9—取苗量调节杆

2. 侧浮舟的分离

将插秧深度调节手柄置于"最浅"位置可方便作业。拆下牵制杆的卡销；从浮舟支点管上拆下浮舟弹簧 S 的挂钩，减弱弹簧力。组装时应注意：将挂钩组装在原来的孔位置上（标准位置为正中间）；拆下卡销，拔出带头销，然后再拆下侧浮舟。侧浮舟如图 4-36 所示。

3. 中央浮舟的分离

拔出中央浮舟金属件及传感器导杆的卡销、带头销。组装时应注意：将传感器导杆的组装孔组装在原来的孔位置上（中央孔为标准位置）。拆下中央浮舟后支点的卡销，拔下带头销，然后拆下中央浮舟。中央浮舟如图 4-37 所示。

图 4-36　侧浮舟

1—牵制杆　2—侧浮舟　3—挂钩

4—带头销　5—浮舟弹簧 S

图 4-37　中央浮舟

1—中央浮舟金属件　2—传感器导杆

3—中央浮舟后支点　4—中央浮舟　5—带头销

4. 插秧箱的分离

插秧箱的分离如图 4-38 所示。拆下左右传动轴上的塑料外壳（轴盖）。从插秧箱上拆下

各行离合器拉索。组装时应将各行拉索的配索、线夹切实装回原位；组装后，进行各行离合器的动作确认。拆下毂的开口销，使毂向传动轴侧滑动。将左右插秧箱连同旋转箱、插植臂一起拆下。此时，如果插秧箱与插秧箱架的安装面上有垫片，应组装回原位，以免遗失。在拆卸中间插秧箱之前，应先拆下传送箱的安装螺栓，然后从插秧箱架上分离传送箱。拆下中间插秧箱的插秧轴的键。拆下中间插秧箱与插秧箱架的安装螺栓（M8 螺栓 4 个）。稍微抬起插秧箱的后部，向左（箭头侧）拔出插秧箱。

组装时应在毂嵌合部涂抹润滑脂；组装插秧箱时，应在毂和传动轴处于连接的状态下，将各插秧箱的插秧轴和传动轴水平组装；以使用手移动时，毂仅移动左右松动部分的量；将树脂轴盖两端切实嵌入插秧箱的加强筋部。

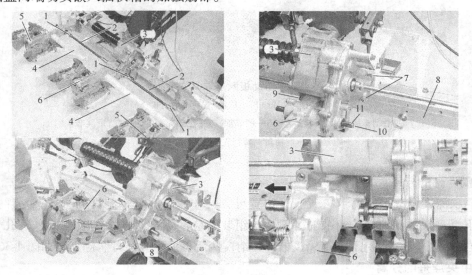

图 4-38 插秧箱的分离
1—毂 2—传动轴 3—传送箱 4—轴盖 5—插秧箱（左右）
6—插秧箱（中间） 7、9—螺栓 8—插秧箱架
10—插秧轴 11—键

5. 中间插秧箱和传送箱的分离与组装

中间插秧箱和传送箱的分离与组装如图 4-39 所示。插秧轴上共有 3 个键，拆下中间插秧箱上插秧轴的键后，再拆下插秧箱架的安装螺栓（M8 螺栓，4 根）。稍微抬起插秧箱的后部，就可以拔出插秧箱。在组装时应注意：插秧轴上涂抹润滑脂后再装入；在插秧箱和传送箱之间装入端盖、油封、外卡环；组装油封时，以使封唇弹簧侧朝向插秧箱的外侧，通过端盖压入插秧轴，直至油封切实插入传送箱。

6. 横向传送支架的拆装

拆下滑块支架的安装螺栓后，从滑块座上整体拆下滑块支架和横向传送支架。用工具拉出组装在滑块座上的滑块。旋松传送箱侧的管箍后，拆下横向传送丝杠支座，然后整体拔出横向传送丝杠护罩、滑块座、横向传送丝杠支架。

组装滑块时应注意：将滑块对准标记，否则会导致横向传送机构和纵向传送机构的时间不吻合，使插秧爪不能正确抓取秧苗，因此一定要注意。滑块的组装如图4-40所示。

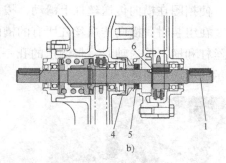

图4-39　中间插秧箱和传送箱的分离

a）中间插秧箱分离　b）中间插秧箱结构

1—插秧轴　2—插秧箱　3—传送箱　4—端盖　5—油封　6—外卡环

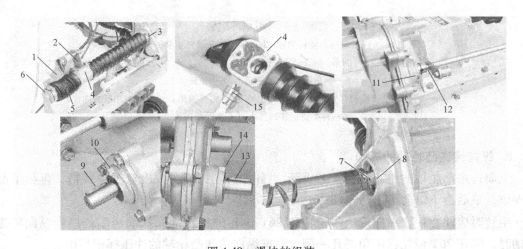

图4-40　滑块的组装

1—横向传送支架　2—滑块支架　3—管箍　4—滑块座　5—横向传送丝杠护罩

6—横向传送丝杠支架　7、12—冲压标记　8、10、11—对准标记

9、13—键　14—对准标记　15—滑块

组装具体步骤是：

1）在横向传送丝杠和传送箱的接合部，横向传送轴的冲压标记必须和传送箱的对准标记对准。

2）中央插秧轴的键必须与传送箱侧面的对准标记对准。

3）纵向传送凸轮轴的冲压标记必须与传送箱的对准标记对准。

4）上述所有对准标记未同时对准时，应使输入轴旋转，直到所有标记对准为止。

5）确认上述的1）～3）步全部对准后，将滑块插入左或右任意一端部的横向传送丝杠槽内。将滑块插入横向传送丝杠进行组装时，可在组装载秧台前的任何时候组装。另外，组装滑块，用滑块支架盖好端盖后，不得再使滑块座旋转；在滑块座内部的润滑脂积留部充填润滑脂；在滑块的前端、外周、滑块座的滑块插入部内侧涂抹润滑脂。

7. 横向传送丝杠的拆装

使挡圈在横向传送丝杠上滑动，拔下双重弹簧销，拆下横向传送丝杠。

在组装时，横向传送丝杠所有的槽内、横向传送轴的接合部应涂抹润滑脂；组装横向传送丝杠和横向传送轴时，将倒角的孔一侧对准横向传送轴的冲压标记后组装（参照图4-41所示的滑块的组装）。

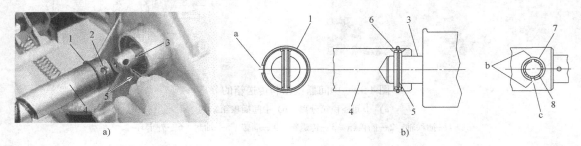

图 4-41　滑块的组装

a）横向传送丝杆拆卸　b）横向传送丝杆组装标记

1—挡圈　2—孔（倒角）　3—冲压标记　4—横向传送丝杠　5—双重弹簧销

6—倒角部　7—弹簧销1　8—弹簧销2

a—将挡圈的接缝和弹簧销孔错开90°组装　b—将弹簧销开口部朝向相反方向

c—将弹簧销开口部垂直于长轴侧压入

8. 纵向传送凸轮轴的拆卸

纵向传送凸轮轴的组装如图4-42所示。首先滑动挡圈，拔出双重弹簧销，再拆下凸轮轴支座，最后拆下纵向传送凸轮轴。

组装时应注意：在纵向传送凸轮轴和26T齿轮的接合部涂抹润滑脂；接合纵向传送凸轮轴时，需在26T齿轮已倒角的孔一侧，对准纵向传送凸轮轴的冲压标记后组装。

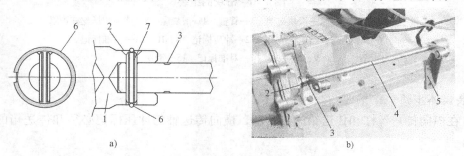

图 4-42　纵向传送凸轮轴的组装

a）纵向传送丝杠组装标记　b）纵向传送丝杠拆卸

1—26T齿轮　2—26T齿轮的倒角孔　3—冲压标记　4—纵向传送凸轮轴

5—凸轮轴支座　6—挡圈　7—双重弹簧销

9. 分离传送箱

旋松线箍，将护罩从PTO轴的槽中滑出；拆下手柄导杆；拆下摆动支点轴安装螺栓，从连杆支点支架上分离摆动支点轴、传送箱。注意，此时PTO轴将会分离出来。组装时在摆动支点轴的外周应涂抹润滑脂，并将护罩切实嵌入 PTO 轴的槽内，然后用线箍固定。拆下输入轴的软管箍及 C 形环，拔出平行销，从输入轴上拆下滑动轴。传送箱的分离如图 4-43 所示。

图 4-43　传送箱的分离

1—PTO 轴　2—滑动轴　3—线箍　4—手柄导杆　5—螺栓　6—摆动支点轴　7—传送箱　8—连杆支点支架　9—输入轴　10—平行销　11—C 形环　12—软管箍

10. 上限停止位置的调整

确认上限停止位置范围（a）；正转侧停止位置（c）；从导苗器开始，插秧爪的伸出量（d）须在 20mm 以内；反转侧停止位置（b）；插秧爪须通过滑动板。上限停止位置的调整如图 4-44 所示。

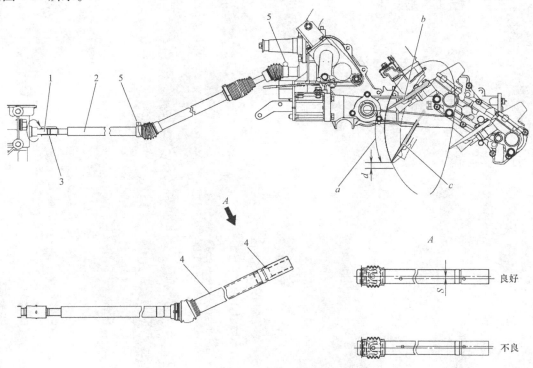

图 4-44　上限位置的调整

1—插秧 2 号轴　2—插秧推进轴　3—花键毂　4—对准标记　5—软管箍

S—偏离中心位置 20°（1 个花键）

上限停止位置超出范围时，按以下要领进行调整：

1）将栽插离合器置于"离"的位置。

2）旋转插秧爪，直至插秧爪在正转方向上停止。

3）将花键毂移向后方。

4）转动插秧爪，对准正转侧停止位置 c。

5）组装花键毂，此时，对准标记必须朝上，另外，对准标记的偏移须在 S 范围内。

6）确认插秧爪的上限停止位置在 a 范围内。

技能训练

1. 根据拆装步骤完成载秧台拆装。

2. 完成任务工单。

项目五　高速插秧机液压/电气装置构造与维修

【项目描述】

液压、电气系统是高速插秧机重要的控制部分，主要作用是高速插秧机在行驶及田间转弯时使机体自动升降和保持机体平衡，并设传感机构，以适应不同田块的要求。本项目学习重点是液压系统结构及工作原理以及液压仿形机构的工作原理，掌握电气装置中常见故障现象，能分析并及时及排除。

【项目目标】

1. 掌握高速插秧机液压装置的工作原理。
2. 掌握中央浮舟的液压仿形原理。
3. 学会各传感器及执行元件的检验与故障排除。

任务一　高速插秧机液压装置构造与维修

▶▶▶ 任务要求

☞知识点：

1. 高速插秧机液压装置的工作原理。
2. 中浮板的液压仿形原理。
3. HST 的原理与应用。

☞技能点：

1. 掌握液压操作手柄的控制原理及检修方法。
2. 了解久保田高速插秧机平衡装置的控制原理。

▶▶▶ 任务分析

在插秧过程中，会出现以下现象：载秧台上升速度异常；液压手柄置于"中立"位置，插植部仍然能够自动下降；转向盘转向沉重等。

>> **相关知识**

一、液压装置的主要功能

高速插秧机液压系统主要是用来控制载秧台的升降，并根据秧田的实际状况自动进行升降调整，能够进行液压无级变速并产生较大的转矩，具有转向盘的游隙小、稳定性和直线行走性能优越的特点。

HST 是整体式液压传动装置（Hydrostatic transmission）的简称，它由柱塞变量泵、柱塞定量马达、摆线补油泵及液压控制阀等几部分组成，是多种功能液压元件的组合体，并形成闭式回路。它通过传动装置直接串接在底部行驶系统动力传输链中，这样便可以通过操纵手柄改变柱塞泵的变量盘倾斜角度，改变柱塞泵的排量，从而改变柱塞马达的输出转速。由于变量盘的角度可连续调整，所以柱塞马达输出转速也是连续变化的，进而实现行走装置的无级变速，以满足插秧机在复杂工况条件下对行驶系统的要求。

由于 HST 具有结构简单、操纵省力、维护方便、与机械及电子系统有良好的适应界面，并且能很好地实现无级变速等优点，因此在各种农用及园艺机械上都有广泛的应用。

插植部的升降是通过切换升降控制阀的阀柱控制插植部的升降来实现的。插植部根据栽插离合器手柄的操作位置进行升降（后退上升机构通过主变速手柄进行操作）。在插秧作业中，插植部根据液压灵敏度调节手柄的设定状态及中央浮舟角度，自动进行升降。

二、液压装置基本构件

1. 动力部分

液压泵是液压系统的动力元件，它可以将机械能转化为液压能，为液压系统提供具有一定流量和压力的液体。

2. 执行部分

液压缸是执行元件，它将液压能转化为机械能，输出转矩和转速。高速插秧机上的液压缸主要作用是控制载秧台的升降。

3. 控制部分

各种控制阀是液压系统中的控制元件，它主要控制液体的压力、流量和方向，保证执行元件完成预期的动作。在插秧机中液压控制元件主要有液压无级变速器、转矩发生器和升降控制阀。

4. 辅助元件

辅助元件主要有油管、过滤器、压力表、油箱等，主要起连接、过滤、测量、储油等作用。

高速插秧机中液压各构成部件如图 5-1 所示。

三、液压回路图

1. 主要元件及功用

液压装置的主要功能有三项：一是使用了 HST 的变速；二是使用了转矩发生器的动力

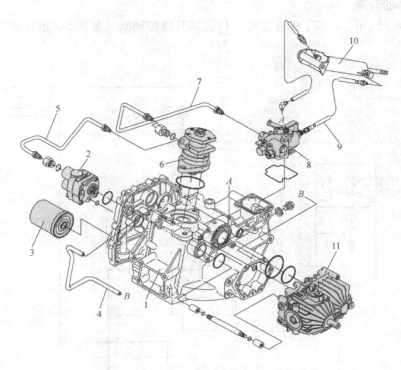

图 5-1　液压部分构成
1—变速箱　2—液压泵　3—变速箱机油过滤器滤筒　4—回油管
5—液压管 1　6—转矩发生器　7—液压管 2　8—升降控制阀
9—液压软管　10—液压缸　11—HST

转向；三是使用了升降控制阀的插植部升降控制装置，用来控制载秧台的升降，并根据秧田的实际状况自动进行升降调整（如图 5-2 所示的液压回路）。

2. 液压无级变速

元件 11、12、13、14、15 组成元件 20，称为液压无级变速器（如图 5-2 液压回路中点画线框 20），基本工作原理就是液压传动技术的容积式调速。工作机器的转速在高效率情况下大幅度地进行无级调节是容积式液压传动最显著的优点，所以具有容积式调速的传动装置获得了广泛的应用。它采用径向柱（球）塞式变量泵和定量马达的液压无级变速器，其最基本的工作原理就是液压传动的容积式调速。通过原动机带动变量泵产生高压油，经液压管路进入定量马达，马达在高压油的驱动下转动，完成能量转换后的高压油从马达排油孔经低压油管路流回变量泵，依次往复循环。由于泵为变量泵，通过调节变量泵的定子相对转子的偏心，从而改变变量泵的排量，使进入马达里的高压油的流量发生变化，使马达输出转速发生变化，以达到调速的目的。

3. 集成式动力转向器

元件 16、17 组成元件 18，即转矩发生器（如图 5-2 液压回路中点画线框 18），它是一种集成式动力转向器，转向盘的游隙小，稳定性、直线行走性能优越。

4. 插植部的升降

元件3、4、5、6、7、8、9组成元件19，即升降控制阀（如图5-2液压回路中点画线框19）。

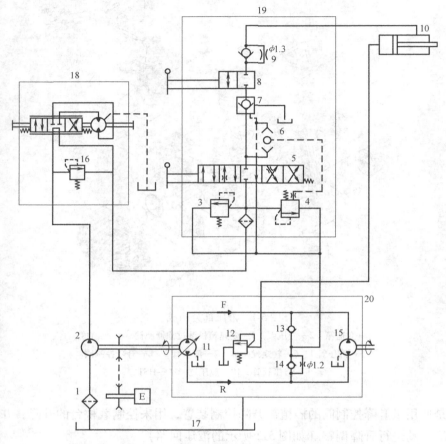

图 5-2 液压回路

1—机油过滤器滤筒 2、11—液压泵 3、16—溢流阀 4—卸载阀 5—控制阀柱
6—单向梭阀 7—先导单向阀 8—截止阀 9—节流阀 10—液压缸 12—供
油溢流阀 13—单向阀（前进侧） 14—单向阀（后退侧） 15—液压马达
17—变速箱 18—转矩发生器 19—升降控制阀 20—HST

四、集成式动力转向器

转矩发生器的输入轴和输出轴在一条直线上，转速比为1∶1，在液压的作用下，将用手转动转向盘所产生的小转矩转换成大转矩输出。转矩发生器由控制阀部和计量装置（计量阀）组成。控制阀部由输入轴（阀柱）、衬套、阀体、溢流阀等构成，仅采用微小的操作力使中心弹簧移位，即可切换油的流向。切换控制阀后，来自 IN 端口的高压油即被输送到计量装置（计量阀），由于计量阀作为液压马达而工作，因此输出轴（动力端驱动器）将产生很大的转矩。做功后的液压油从 OUT 端口被送到插植部升降控制阀。另外，在发动机停止

或液压泵故障时，即使液压源中断，也能机械性地从输入轴向输出轴传递动力，因此可进行手动操作。在操作转向盘的过程中，当车轮负载过大时，为了限制液压回路的最高压力而保护设备，在转矩发生器内部设有溢流阀。动力转向器如图 5-3 所示。

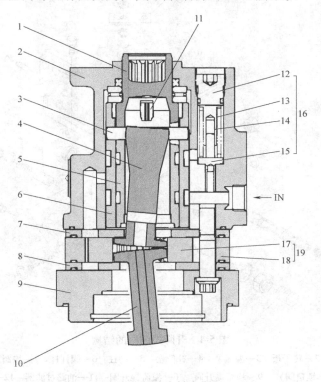

图 5-3　动力转向器

1—输入轴　2—阀体　3—销　4—控制驱动器　5—阀柱　6—衬套　7—垫板 1
8—垫板 2　9—法兰　10—动力端驱动器　11—中心弹簧　12—调节塞
13—溢流弹簧　14—缓冲轴环　15—溢流提升阀　16—溢流阀
17—计量阀块　18—计量阀圈　19—计量阀总成

五、升降控制阀

升降控制阀具有流量控制功能，可根据阀柱的位移量变化控制上升或下降回路的油量。因此，当浮舟的位移量较大时，可使插植部迅速升降，位移量较小时，可使其缓慢升降。升降控制阀的结构如图 5-4 所示。

1. 上升时

升降控制阀上升状态如图 5-5 所示。将栽插离合器手柄操作至"上升"位置时，经由阀柱连杆使阀柱杆向顺时针方向转动，将阀柱压入阀中。输送至 P 端口的液压油经过油路过滤器，流经 B 腔的通路 D 端口，顶开单向阀的钢球和节流阀，从 C 端口被输送至液压缸。来自 D 端口的液压油顶开梭阀钢球，由 G 端口从背后推压卸载提升阀。因此，由于卸载提升阀的前后始终承受着相同的油压，在其弹簧的作用下，卸载提升阀保持关闭状态。

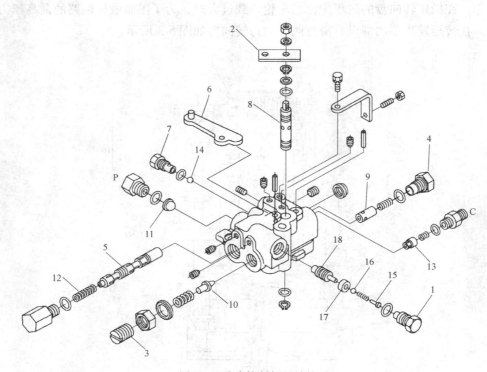

图 5-4　升降控制阀的结构

1—单向塞　2—转子板　3—溢流塞　4—补偿塞　5—阀柱　6—阀柱杆　7—梭阀塞　8—锁定
转子（液压锁定阀）　9—卸载提升阀　10—溢流提升阀　11—油路过滤器　12—阀柱弹簧
13—节流阀　14—梭阀钢球　15—弹簧座　16—单向阀钢球　17—单向阀座
18—先导活塞　P—泵端口（液压油进油孔）　C—液压缸端口（与液压缸连通的孔）

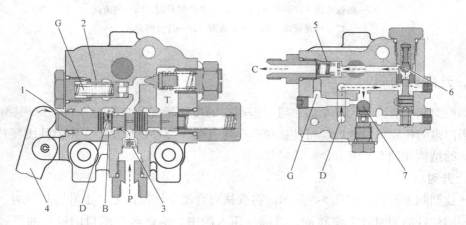

图 5-5　升降控制阀上升状态

1—阀柱　2—卸载提升阀　3—油路过滤器　4—阀柱杆
5—节流阀　6—单向阀钢球　7—梭阀钢球

2. 中立时

升降控制阀中立状态如图 5-6 所示。输送至 P 端口的液压油顶开卸载提升阀，再通过 T_1 端口返回变速箱。由于液压缸内的油被单向阀钢球阻断，因此插植部保持当前的位置。

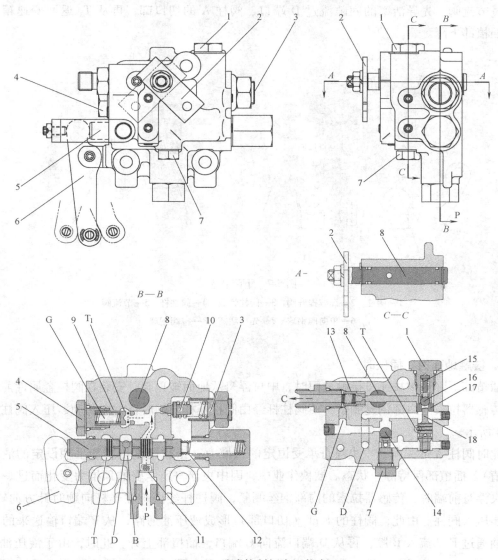

图 5-6 升降控制阀中立状态

1—单向塞 2—转子板 3—溢流塞 4—补偿塞 5—阀柱 6—阀柱杆 7—梭阀塞
8—锁定转子 9—卸载提升阀 10—溢流提升阀 11—油路过滤器 12—阀柱弹簧 13—节流阀
14—梭阀钢球 15—弹簧座 16—单向阀钢球 17—单向阀座 18—先导活塞

3. 下降时

将栽插离合器手柄操作至"下降"位置时，经由阀柱连杆使阀柱杆向逆时针方向转动，阀柱被阀柱弹簧顶出，形成下降回路，如图 5-7 所示。被输送至 P 端口的液压油经 E 端口顶起梭阀的钢球，并从 T_2 端口返回变齿轮速箱。由此，液压油顶推先导活塞，单向阀钢球即被打开。同时，来自 G 端口的液压油使卸载提升阀处于关闭状态。由于阀柱始终被阀柱弹簧压向阀柱杆一侧，因此阀柱的位置取决于阀柱支点金属件。如前所述，中央浮舟悬空时，安装在阀柱的金属件处于自由状态，因此，阀柱被全行程顶出。液压缸内的液压油从 C 端口经过节流阀、先导活塞的间隙流过 D 端口、阀柱 A 的切口部，再从 T_3 返回变速箱。由此，插植部下降。

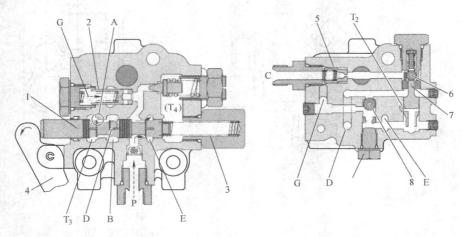

图 5-7　下降状态

1—阀柱　2—卸载提升阀　3—阀柱弹簧　4—阀柱杆　5—节流阀
6—单向阀钢球　7—先导活塞　8—梭阀钢球

4. 接触地面时（插秧时）

插植部下降至中央浮舟接触地面时，中央浮舟从地面被顶起，安装在阀柱金属件前端孔处的传感器拉索的内部钢丝绷紧，使阀柱杆经由阀柱连杆向顺时针方向转动，压入阀柱，如图 5-8 所示。

此时阀柱 A 部关闭，中央浮舟承受恒定的顶推力（由软硬度传感器手柄设定的液压灵敏度值），插植部保持静止状态。插秧作业中，因中央浮舟所承受的顶推力变化而进一步顶起中央浮舟前端时，传感器拉索的内部钢丝绷紧，阀柱杆经由阀柱连杆向顺时针方向转动，进一步压入阀柱。由此，阀柱的 F 部（切口部）形成液压油通路，从 P 端口输送来的部分液压油通过 F 部流入 B 腔，再从 D 端口流向 C 端口，插植部上升。此时，由于液压油在 F 部被节流，在其前后（P 端口侧和 B 腔）产生压力差，同时，B 腔的液压油推压梭阀的钢球，并被引向卸载提升阀后面的 G 腔，该压力差将使卸载提升阀打开。因此，未流入 B 腔的液压油顶开卸载提升阀后，全部从 T_1 端口返回油箱（即变速箱）。阀柱的压入量越大，F 部的开度也就越大，经过 F 部流入 B 腔的液压油量即增多，而从卸载提升阀流向 T_1 端口的油量则减少。相反，中央浮舟前端向下移动时，阀柱被顶出，形成下降回路，插植部下降，此时，A 部的开度越大，从 C 端口流向 T_3 端口的油量越多。由此可知，浮舟前端的位移量越大，插植部的升降速度越快；位移量越小，则升降速度越慢。在此设置溢流阀、截止阀是为了限制液压回路内的最高压力（设定压力：13.7MPa），保护设备，在控制阀内设有溢流阀。锁定转子用来锁定液压，以便在道路上行走等时，避免插植部下降。

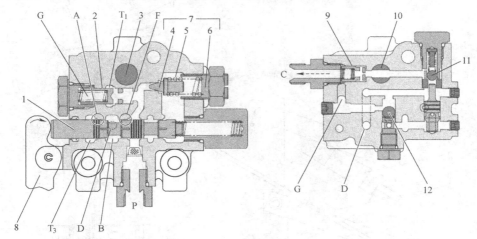

图 5-8　插秧时状态

1—阀柱　2—卸载提升阀　3—锁定转子（液压锁定阀）　4—溢流提升阀
5—溢流弹簧　6—溢流塞　7—溢流阀　8—阀柱杆　9—节流阀
10—锁定转子（液压锁定阀）　11—单向阀钢球　12—梭阀钢球

六、操作部的机构

操作部的结构如图 5-9 所示。

1. 栽插离合器手柄

（1）栽插离合器手柄处于"上升"位置时　操作栽插离合器手柄到"上升"位置（图 5-9 *B*）时，操作支点金属件逆时针方向转动，阀柱支点金属件顺时针方向转动。与其联动，通过阀柱臂和阀柱连杆拉动阀柱杆，将阀柱压入阀中，形成上升回路，使插植部上升。插植部上升后，牵制支点金属件推压牵制杆的卡销，受压的牵制杆使操作支点金属件及栽插离合器手柄返回中立位置（*A*），插植部停止。

（2）栽插离合器手柄处于"下降"位置时　操作栽插离合器手柄到"下降"位置（图 5-9 *C*）时，操作支点金属件顺时针方向转动。此时，中央浮舟悬空，传感器拉索的内部钢丝、阀柱金属件、阀柱支点金属件为自由状态，阀柱受压，形成下降回路，使插植部下降。中央浮舟接触地面时，其前端被顶起，传感器拉索的内部钢丝绷紧。阀柱支点金属件与阀柱金属件联动，向顺时针方向转动，由阀柱连杆推压阀柱，使下降回路关闭，中央浮舟受到恒定的顶推力（传感器手柄所施加的力为液压灵敏度设定值），插植部静止。

（3）栽插离合器手柄在"合"的位置时　在插秧作业中，因中央浮舟前端所承受的顶推力变化而引起中央浮舟向上或向下运动时，传感器拉索、阀柱支点金属件与阀柱金属件联动，向顺时针方向或逆时针方向转动，使控制阀形成上升或下降回路。在顶推力达到设定值前，插植部将上升或下降。

2. 液压灵敏度调节（软硬度传感器手柄）

通过软硬度传感器手柄可对由中央浮舟检测到的液压灵敏度进行 7 级调节。在手柄位置

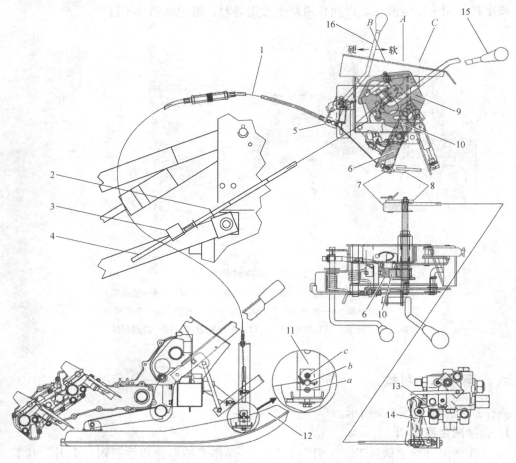

图5-9 操作部的结构

1—传感器拉索 2—销 3—牵制支点金属件 4—牵制杆 5—传感臂 6—阀柱金属件 7—阀柱臂
8—阀柱连杆 9—操作支点金属件 10—阀柱支点金属件 11—传感器导杆 12—中央浮舟
13—阀柱 14—阀柱杆 15—栽插离合器手柄 16—软硬度传感器手柄
a—钝感 b—标准 c—敏感 A—中立位置 B—上升位置 C—下降位置

标有1~7。

如将软硬度传感器手柄推向"软"的方向,由于传感臂向顺时针方向转动,传感器拉索的内部钢丝绷紧,使升降控制阀之前的行程量变小。因此,只要略微抬起中央浮舟前端,插植部即上升(中央浮舟即使处于向前下倾的状态,也能形成上升回路,感测载荷变小,灵敏度提高);将软硬度传感器手柄推向"硬"的方向时,传感器拉索的内部钢丝松弛,使升降控制阀动作之前的行程量变大。因此,中央浮舟被顶推至水平向前上倾的状态,内部钢丝绷紧,插植部上升(浮舟处于水平向前上倾的状态时可形成上升回路,感测载荷变大,灵敏度降低)。另外,在表面柔软的田块,即使将软硬度传感器手柄置于"1"的位置(液压灵敏度最高的位置),而中央浮舟的下沉量仍较大时,可将传感器导杆的安装孔从中央"标准"b位置移至上部"敏感"c位置,以提高液压灵敏度;相反,在表面坚硬的田块,即使将软硬度传感器手柄置于"7"的位置（液压灵敏度最低的位置），当在插秧作业中插植部弹起时，可将传感器导杆的安装孔从中央"标准"b位置移至下部"钝感"a位置，以降低液压灵敏度。

技能训练

1. 浮舟拆装练习。
2. 液压部件拆卸练习。
3. 掌握油压力测定方法。

任务二　高速插秧机电气装置构造与维修

任务要求

☞知识点：

1. 高速插秧机主要电气部件的功能。
2. NSPU-68C 久保田高速插秧机电路图。

☞技能点：

掌握各传感器及执行元件的检验方法。

任务分析

有一台高速插秧常出现的电气方面的故障主要有：总熔体熔断、蓄电池无电、钥匙总开关接触不良等。

相关知识

一、主要电气部件的功能

电气装置的主要功能如下：

1）发动机的起动和停止功能、蓄电池充电功能。
2）警报功能。
3）插植部水平控制功能。

二、发动机的起动和停止功能、蓄电池充电功能

1. 点火系统

发动机的点火系统采用由脉冲发生器线圈、点火器、点火线圈、火花塞组成的全晶体管蓄电池点火。点火系统如图5-10所示，该装置由蓄电池供电，电流经由点火器，流向点火线圈（一次绕组）。此时，由脉冲发生器线圈产生的电压（点火信号）将切断一次绕组电流，在二次绕组侧产生约2万V的高压，使火花塞释放火花。

（1）蓄电池点火方式　蓄电池点火方式能够在低温时及从低速开始供给稳定充足的火花能量，即使因发动机承载而导致曲轴的转速降低，也能提高其起动性能。

（2）脉冲发生器线圈　脉冲发生器线圈安装在气缸体上，通过曲轴上的飞轮磁铁将发动机的转速转换成脉冲信号后发送给点火器。这样就决定了火花塞的点火正时。

（3）点火器　点火器由三部分组成，分别是：检测来自脉冲发生器线圈点火信号的部分，将该信号放大的部分，以及由所放大的信号使点火线圈的一次绕组电流间歇的部分。

（4）点火线圈　点火线圈即产生点火所需高电压的变压器。点火线圈的铁心由薄的粗钢片层叠而成，铁心的外层缠绕着细长的二次绕组，在二次绕组的外侧又以相同方向缠绕着粗短的一次绕组。变压器盒内充填树脂以进行绝缘，并且散热良好。

（5）火花塞　火花塞的作用在于利用点火线圈中产生的高电压，在火花塞电极间隙处释放火花，对经过压缩的混合气体点火并使其燃烧。在发动机运行过程中，火花塞将承受约2万V的电压，并受到高温高压气体的影响，因此要求其具备优异的耐热、绝缘等性能。火花塞结构如图5-11所示，由火花塞主体、绝缘体、电极三个主要部分构成，电极分为中心电极和L形接地电极，在两个电极之间设置有适当的间隙，并在该处释放火花。本发动机采用从低频到高频，无论哪个频率都具有优异的防电波噪声效果的晶体管火花塞。

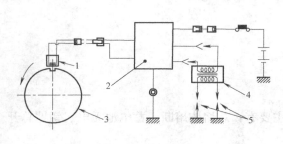

图 5-10　点火系统
1—脉冲发生器线圈　2—点火器　3—飞轮
4—点火线圈　5—火花塞

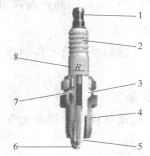

图 5-11　火花塞结构
1—端子　2—绝缘子　3—绝缘体　4—火花塞主体
5—中心电压　6—接地电极　7—陶瓷电阻
8—晶体管火花塞符号

（6）定子（充电线圈）　定子由12个发电线圈构成。在定子的外周旋转的飞轮内组装着永久磁铁，飞轮旋转时，定子线圈上将产生感应电动势。

2. 起动

起动器为常规型，驱动发动机的小齿轮与马达部同轴，并与电枢以相同转速旋转。起动器大体上由马达部和磁性开关两大部分构成，并用驱动叉将两者连接起来。

1）将主开关置于"起动"位置时，电流从蓄电池流向磁性开关的吸引线圈及保持线圈，吸引柱塞。该吸力使驱动叉推出小齿轮，使其与飞轮上的齿圈啮合。起动位置如图5-12所示。

2）发动机驱动时。接触片闭合后，强大的电流（数百安培）从蓄电池流向电动机（电枢），产生很大的旋转力以驱动发动机。此时，由于螺纹花键的作用，小齿轮被推出，与齿圈啮合后一起旋转。由于接触片的作用，吸引线圈的两端被短接，柱塞仅靠保持线圈的吸力得以保持。发动机起动后，虽然齿圈的转速会超过小齿轮转速，但由于超越离合器的作用，小齿轮将空转，因此对电枢并无影响。发动机驱动位置如图5-13所示。

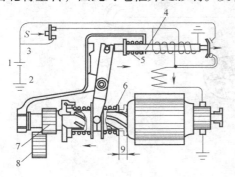

图5-12　起动位置

1—蓄电池　2—接地　3—起动开关　4—柱塞

5—回位弹簧　6—花键管　7—小齿轮

8—齿圈　9—驱动叉操作

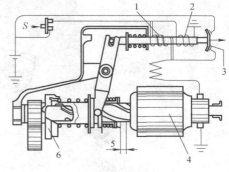

图5-13　发动机驱动位置

1—吸引线圈　2—保持线圈　3—接触片

4—电枢　5—螺纹花键的作用

6—超越离合器

3）手松开主开关时。手从主开关的"起动"位置松开后，保持线圈和吸引线圈的吸力互相抵消，柱塞由于回位弹簧的弹力而复位，与此同时，小齿轮离开齿圈，接触片的接点也断开，电动机（电枢）因此而停止，如图5-14所示。

3. 蓄电池充电功能

不用蓄电池起动机器时（通过外接蓄电池等起动），应在发动机运行期间（即使短时间），使用新增的电气设备（照明等）隔离蓄电池的端子。如果忽略这一点，可能会导致交流发电机及调节器损坏。

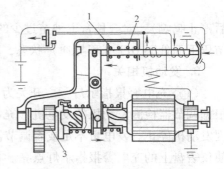

图5-14　手松开主开关时

1—柱塞　2—回位弹簧　3—小齿轮

三、警报功能

为了防止故障产生，机器通过警报蜂鸣器或监视器（指示灯输出），或通过两者同时动作，向操作人员提示作业中的异常情况。各报警开关如图5-15所示。

1. 秧苗用尽警报动作条件

栽插离合器手柄处于"栽插"位置，用栽插离合器开关检测栽插离合器手柄的"栽插"位置。推压栽插离合器开关的开关臂后，开关即ON（导通）。

2. 警报蜂鸣器

插秧作业中秧苗用尽警报时，警报蜂鸣器鸣响。秧苗用尽警报动作的条件成立后，6个秧苗用尽开关中只要有某1个处于ON（导通）状态，秧苗用尽警报指示灯即点亮，同时警报蜂鸣器鸣响（NSPU-68C的警报蜂鸣器持续鸣响；NSPU-68CM的警报蜂鸣器鸣响8次，然

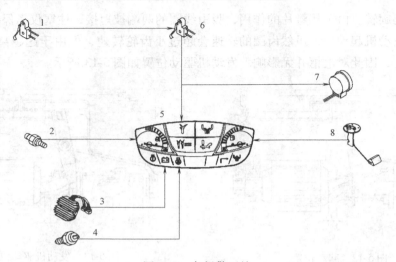

图 5-15　各报警开关

1—秧苗用尽开关　2—水温传感器　3—调节器

4—液压油压力传感器　5—仪表盘　6—栽插离合器开关

7—警报蜂鸣器　8—燃料传感器

后停止鸣响)。对载秧台上秧苗过少的行补充新的秧苗后，如果 6 个秧苗用尽传感器因被秧苗压下而处于 OFF（不导通）状态，则警报蜂鸣器停止鸣响，秧苗用尽指示灯也随之熄灭。

3. 发动机相关

（1）充电警报指示灯　主开关为"开"时，充电警报指示灯点亮，发动机起动后熄灭。根据调节器检测发动机的发电机（充电线圈）是否发电，使该充电警报指示灯点亮或熄灭。因发动机停止、发电量不足或者调节器本身的故障而导致蓄电池未能正常充电时，调节器将使仪表盘上的充电警报指示灯点亮。在发动机旋转中蓄电池正常充电时，充电警报指示灯将熄灭。

（2）液压油压力警报指示灯　主开关为"开"时，液压油压力警报指示灯点亮，发动机起动后熄灭。安装在发动机上的液压油压力传感器未检测到正常的液压油压力（49kPa）时，液压油压力传感器即 ON（导通），仪表盘上的液压油压力警报指示灯点亮。在发动机旋转中液压油压力正常时，液压油压力警报指示灯即熄灭。

（3）水温计　水温传感器的电阻值根据发动机冷却水的温度变化而变化。仪表盘上的水温计指针则根据该电阻值的变化而变化。

（4）燃料计　燃料传感器的电阻值根据燃料箱内的燃料量而变化。仪表盘上的燃料计指针则根据该电阻值的变化而变化。

四、插植部水平控制

在插秧作业中，即使行走部倾斜，倾斜传感器也可检测到倾斜，始终使插植部保持水平。由于左右的秧苗栽插深度稳定，因此栽插痕迹整齐美观。各报警开关工作关系如图 5-16 所示。

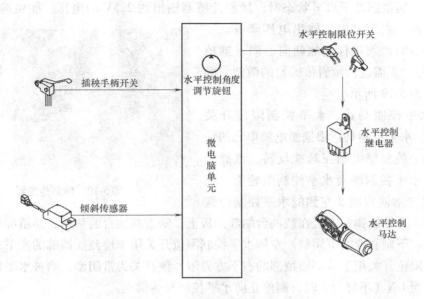

图 5-16　各报警开关工作关系

（1）水平控制角度调节旋钮　这是设定插植部左右倾斜目标值的调节旋钮。水平控制角度的调节范围为插植部角度 −2°（左下倾）～0°（水平）～ +2°（右下倾）。检测出异常电压时（断线等），将其视为故障，并将目标作为水平位置进行控制。起动手动模式后，可作为手动开关使用。

1）水平控制手动开关。起动方法：将主开关置为"开"后，在 10s 以内将水平控制角度调节旋钮分别在左下→中央→右下或右下→中央→左下的位置各保持约 2s（顺序不分先后）。手动开关动作范围：在中央附近时，手动开关不动作，参照图 5-17。

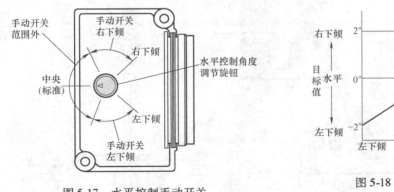

图 5-17　水平控制手动开关

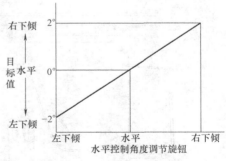

图 5-18　倾斜角度目标值

2）水平控制角度调节旋钮和倾斜角度目标值的关系：通过水平控制角度调节旋钮设定的倾斜角度目标值，如图 5-18 所示。

（2）倾斜传感器　倾斜传感器安装在传送箱上的倾斜传感器支架上，用于检测插植部的左右倾斜。插植部处于水平状态时，倾斜传感器输出约 2.5V 的电压。插植部左下倾时，输出电压升高；右下倾时，输出电压降低。安装倾斜传感器时，须将标签侧朝向后侧（插植部侧）。另外，无需进行倾斜传感器的微调。倾斜传感器如图 5-19 所示。

图 5-19　倾斜传感器

（3）水平控制马达、水平控制限位开关（图 5-20）　水平控制马达根据微电脑单元的输出，通过水平控制继电器正转或反转。该旋转力被传递到水平控制轴及水平控制滚轮上，通过水平控制拉索使右侧及左侧的水平控制弹簧左右动作。水平控制弹簧安装在载秧台端部的板上，随着载秧台的移动，插植部以摆动支点毂为支点向左下倾斜或右下倾斜。左侧水平控制限位开关用于检测插植部的左下方界限，右侧水平控制限位开关用于检测插植部的右下方界限。该开关为常闭型，当被水平控制滚轮的突起部压下而 ON（不导通）时，则停止向水平控制马达供电。

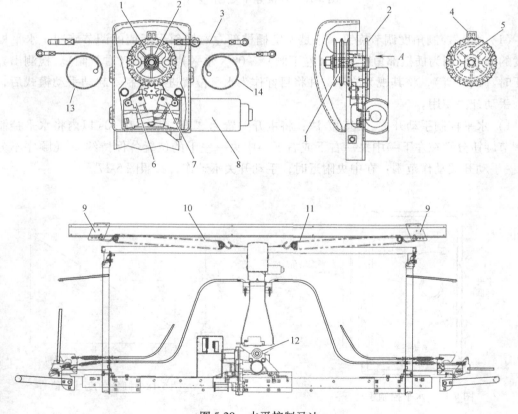

图 5-20　水平控制马达

1—水平控制滚轮　2—水平控制轴　3—水平控制拉索　4—突起部　5—对准标记　6—水平控制限位开关（右）
7—水平控制限位开关（左）　8—水平控制马达　9—板　10—水平控制弹簧（右）　11—水平控制弹簧（左）
12—摆动支点毂　13—组装右侧拉索　14—组装左侧拉索

五、控制内容

控制流程如图 5-21 所示。

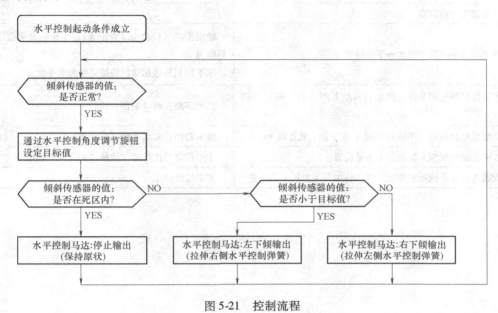

图 5-21　控制流程

1. 自动控制的起动条件

栽插离合器手柄处于"下降"或"插秧"状态且倾斜传感器正常时自动控制起动。

2. 水平控制马达保护功能

在自动控制中，水平控制继电器向同一方向持续输出 10s 以上时，即倾斜传感器的电压达不到目标值时，则停止该方向的输出。但进入死区时或将目标值（通过水平控制角度调节旋钮操作）设定在反方向时，则解除保护。

3. 输出动作

利用水平控制角度调节旋钮来设定目标倾斜角度的电压。该电压在旋钮位于中央时约为 2.5V，向左下倾方向转动旋钮则电压升高，向右下倾方向转动旋钮则电压降低。微电脑单元根据水平控制角度调节旋钮设定的目标倾斜角度与摆动传感器检测到的倾斜角度之差（偏差）进行输出。另外，水平控制马达的输出为连续输出，在相应的限位开关被按下而处于不导通状态时停止输出。

六、正常动作的确认（表 5-1）

1）将插植部置于离地约 25cm 的高度，锁定液压。

2）在将制动踏板踩到底的状态下锁定。

3）使主变速手柄、副变速手柄、栽插离合器手柄置于中立位置。

4）拆下右后轮护板背面的水平控制盖。

表 5-1　正常动作的确认

操　作　步　骤	输　出　动　作
水平控制角度调节旋钮置于水平位置	
主开关置于开的位置	
栽插离合器手柄置于中立⇒下降位置	输出警报（秧苗用尽警报等）。警报装置有监视器、蜂鸣器 水平控制马达起动，插植部变为水平状态
将水平控制角度调节旋钮向水平⇒左下倾（右下倾）方向转到底	插植部向左侧（右侧）倾斜
用手使载秧台倾斜，保持右下倾（左下倾）状态约 10s	微电脑停止向水平控制马达输出
将水平控制角度调节旋钮置于水平位置	水平控制马达起动，插植部变为水平状态
将栽插离合器手柄返回中立位置，将主开关置于关的位置	警报输出停止

项目六　高速插秧机的作业方法、调整与保养

【项目描述】

由于机手操作不当等诸多人为原因，时有机械故障和人身伤害事故发生，插秧机的机手，要充分了解插秧机的结构和调整方法，熟练掌握操作要领，并且要按时进行维护保养。这是延长机器使用寿命、减少故障，使机器始终保持良好工作状态的重要环节。

【项目目标】

1. 掌握高速插秧机插秧作业的方法；能对插秧过程中出现的问题进行诊断并及时采取措施。

2. 了解高速插秧机日常维护的方法和季后入库保养的方法。

任务要求

☞ 知识点：

高速插秧机插秧作业的方法。

☞ 技能点：

1. 能对插秧过程中出现的问题进行诊断并及时采取措施。

2. 掌握高速插秧机日常维护的方法和季后入库保养的方法。

任务分析

高速插秧机保养不当，会严重影响使用寿命。常见的不良现象有：插植臂加注润滑油过多，造成油塞脱落；导轨架没有及时保养；变速箱没有定期保养或使用劣质液压油；在橡胶套内加注大量润滑脂，导致橡胶套损坏，容易进入泥水，造成丝杠、转子的异常磨损，影响载秧台的移动。

任务实施

一、运转前的准备工作

1. 机器的准备

补充机油和燃料时应严禁烟火。使用前，务必检查机油、燃料的量是否在规定的范围内；补充燃料和机油后，切实紧固燃料盖和加油栓，并将洒落的燃料和机油擦拭干净；运行

前对制动器、离合器和安全装置等进行日常检查，如有磨损或损坏部件，予以更换；另外，定期检查螺栓和螺母是否松动。蓄电池、消声器、发动机、燃料箱、带外罩内以及配线部周围如有脏物或燃料粘附、泥土堆积等，将会引发火灾，应进行日常检查将其清除。

2. 秧苗的准备

苗床盘根良好；苗床厚度为 2～3cm；苗高 10～20cm；每箱的播种量 150～180g（催芽种）。

3. 田块的准备

泥脚深度是指单脚下田，脚陷入泥里的深度，其值应为 10～30cm；田块平均水深以 1～3cm 为宜；土壤粘度不应太大；土壤的砂质较少；田块内的夹杂物少。

二、插秧机行驶及搬运

插秧机在起动时一定不能进行突然起动操作，在寒冷天气和冬季，要让发动机充分进行暖机空转，空运转 5min 以上。发动机的转速不要超出插秧作业规定值，在未经平整的凹凸不平的道路上应以低速行走。在磨合运行以后也需注意，尤其在操作新车时应特别注意起动操作。

1. 起动步骤

1）打开燃料栓。

2）确认各手柄位置，拉开阻风门，踏下制动踏板。

3）将钥匙置于起动位置，起动发动机后松开钥匙。注意：天冷起动时，应先将主开关打在预热位置，预热 10s 后起动，起动时间不能超过 5s，第二次起动时间与第一次间隔 30s。

4）插秧机在路上行走时，将副变速手柄置于"路上行走"位置，主变速手柄慢慢向前推进。注意：快速行走时不可以突然把速度降低；高速行走时不可以踩踏制动踏板，应先减慢速度后再踩，否则驾驶机手会因惯性发生危险。

5）在插秧作业时，先调整好株距、横向传送次数和取苗量调节手柄，以及载秧台的位置。首次加秧苗时载秧台要移动到最左端或最右端，如果载秧台在任意位置时添加秧苗，会导致取苗时纵向送秧的混乱，使秧苗堆积在取苗口。此时，将副变速手柄置于"田块作业"位置，栽插离合器手柄处于"N"（中立）位置，发动后，将主变速手柄慢慢向前推进。

6）行驶至坡路前，先停车，将副变速手柄切换到"田块作业"位置，然后再上下坡。如果坡陡，当正向行驶上坡机身有后倾危险时，以后退方式上坡，在上坡途中，切勿将副变速手柄置于"中立"位置，也不要踩下制动踏板；因回避危险而不得不停车时，要将制动踏板踩到底。如果制动踏板踩踏不到位，会有失控的危险，除特殊原因外，一定不要在坡路上停车。

2. 停车方法

将油门手柄置于"低"的一侧，主离合器手柄置于"离"的位置，机器将停止前进。在路上转动插植部时，在中央浮舟前端（传感器杆的位置）的下部垫上厚度为 10～15mm 的箱子或垫块，将转向手柄抬起后再进行操作。栽插离合器接合后，机体下降，插秧爪将会碰到地面，有可能造成机器故障。在因道路被野草等覆盖而无法看清路基或者自己感到有危险的地段，下车查看路状时，一定要关停发动机。

3. 装卸方法

在距离较远的田块工作时，要用拖车运输，装卸板的长度是货车车厢高度的 4 倍以上，宽度在 30mm 以上，每块板承重至少 550kg。将栽插离合器手柄置于"下降"位置，降下车体，使车体不要左右倾斜，然后将栽插离合器手柄置于"固定"位置，将插秧深度调节手柄设定在最深的位置，起动发动机，低速以后退方式装车，在装卸板上禁止打转向盘或变速手柄，禁止脚踩踏板。装在车上以后，将载秧台升到最高处，停止发动机，踏下踏板并锁定，用绳索固定载秧台，并将燃油栓旋转到停止位置。

三、各部分调整

1. 株距调整

调整的目的：为了保证大田的基本苗数量，宽行浅栽，行距是固定的只能进行株距的调节。调整方法及步骤：打开踏板右边的橡胶垫，拨动株距调节杆，可以进行 6 档株距调节。

注意：如果株距调节杆难以调节，可以起动发动机，暂且将主变速手柄置于"前进"位置后，再扳回空档，并停止发动机，如果株距调整杆没有到位，则插植部是不能动作的。株距调节手柄如图 6-1 所示。

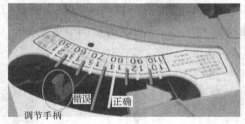

图 6-1　株距调节手柄

2. 软硬度调整

软硬度调整标准：当田块状况较软时（呈黏糊状态，有推泥现象），软硬度调节手柄设定在标记 1～3 位置；当田块状况标准时（整地良好，推泥较少），软硬度调节手柄设定在标记 4 位置；当田块状况较软时（坚硬整地不良，凹凸严重，非常粗糙），软硬度调节手柄设定在标记 5～7 位置。软硬度调节手柄如图 6-2 所示。

3. 横向取苗量调整

在纵向取苗量不足时可以进行横向取苗量调整；根据苗的大小，也可以进行横向取苗量调整。当秧苗是成苗时，横向插秧次数调整为 18 次；当秧苗是中苗时，横向插秧次数调整为 20 次；当秧苗是小苗时，横向插秧次数调整为 26 次。横向取苗量调节手柄如图 6-3 所示。

图 6-2　软硬度调节手柄

图 6-3　横向取苗量调节手柄

4. 标准取苗量调整

纵向取苗量的多少可通过调整纵向取苗量调节手柄，根据秧苗或苗床的情况进行调节，可在 8~18mm 范围内进行 10 个阶段的调节。当取苗较少时，向多的方向扳动纵向取苗量调节手柄；当取苗较多时，向少的方向扳纵向取苗量调节手柄。但是插秧机在使用了一段时间后，会出现插秧爪磨损，调整纵向取苗量调节手柄也无法达到所需取苗量的情况，此时要进行标准取苗量调整。调整步骤及方法如下：

1）将油压锁定手柄置于"闭"的位置。

2）将插秧离合器置于"插秧"位置。

3）将取苗量调节手柄设置在标准位置。

4）把量规放在滑动板的凹槽上，然后用手转动旋转箱，直到插秧爪碰到量规。

5）松开紧固插植臂的两个螺栓。

6）首先使插秧爪的前端抬起，然后轻轻对在量规上，用螺钉旋具或者扳手左或右旋转调节螺栓，直到对准量规面的第 2 条线（说明：调节螺栓左旋插秧爪下降，调节螺栓右旋插秧爪上升）。纵向取苗量调节手柄如图 6-4 所示。

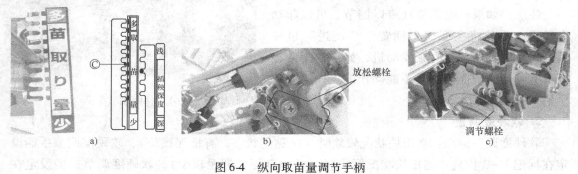

图 6-4　纵向取苗量调节手柄
a）纵向取苗量调节手柄　b）拧松螺栓　c）调节螺栓

5. 纵向输送量调整

（1）调整目的　当纵向凸轮轴磨损后，纵向送秧量会减少，严重时会导致缺秧、堵秧。

（2）调整方法　纵向输送量调整如图 6-5 所示。在纵向输送带上标记，然后调整纵向输送调整螺栓，试运转插植部。当载秧台运转到最左端或最右端时，纵向输送凸轮会使纵向输送带运动一次，量取纵向输送带的移动距离，当达到标准 13mm 时即可。取苗量调节手柄在标准位置是因为标准取苗量调整与纵向输送是有联系的。

6. 插秧爪在取苗口居中间隙调整

调整步骤及方法：

1）将油压锁定手柄置于"闭"的位置。

2）将栽插离合器置于"断开"位置，旋转旋转箱使插秧爪位于取苗口。

3）首先进行垫片增减调整，调整好一边，再调整另一边。如无法调整到位，再放松旋转箱紧固销子，用橡皮锤向左或向右击打旋转箱，直到插秧爪位于取苗口中间。

插秧爪在取苗口居中间隙调整如图 6-6 所示。注意：先调整好一边的位置，然后再调整另一边，如果另一边位置不在中间，则需要对单个插秧爪进行加减垫片，直到符合要求。

调整螺栓
a)

标准距离13mm

b)

图6-5　纵向输送量调整
a）调整螺栓　b）纵向送秧距离

垫片

销子

图6-6　插秧爪在取苗口居中间隙调整

7. 插秧深度调整

农艺要求插秧的深浅："不漂不倒，越浅越好"，这样对于秧苗的返青等都有利。插秧深度调整如图6-7所示。调节范围：2~5.3cm五级调整，每调整一级大约变化7mm，插秧深度以2~3mm为宜。当调整插秧深度调节手柄不能满足要求时，实际改变的是浮舟与插植臂的相对位置。

a)　　　　　　　　　　　　　　　b)

图6-7　插秧深度调整
a）最浅时　b）最深时

8. 苗床压杆与压秧杆调整

苗床压杆与压秧杆调整如图6-8所示。将秧苗放在载秧台上以后，秧苗与苗床压杆的间隙为1～2cm。如果秧苗与压秧杆之间的空隙很大，或因苗床状况很差（秧苗稀薄而软弱或者扎根不良等），出现苗床溃散而引起缺秧，或秧苗出现前后倒伏时，应进行相应调节。

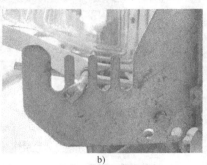

a)　　　　　　　　　　　　　　b)

图6-8　苗床压杆与压秧杆调整

a）苗床压杆调整　b）压秧杆调整

苗床压杆调整方法及步骤：

1）松开上面的碟形螺栓，将其移动到合适位置。

2）将压秧杆的底部也同样移动到相应位置。

9. 各条离合器钢索调整

离合器钢索调整如图6-9所示。如果离合器钢索间隙太小或无间隙有可能会导致一组旋转箱不工作，无动力。弹簧和拉索前端部的头部游隙标准值 D 为0～2mm。

10. 制动踏板的检查及调整

制动踏板的检查与调整如图6-10所示。确认在倾斜路面的制动情况，缩短制动踏板连接杆上的调整杆行程，使机器在倾斜路面也能达到良好的制动效果。

图6-9　离合器钢索调整

调整方法：

1）在未装载秧苗的状态下，将机器停放在坡度为11°左右（图6-10中的 α）的倾斜地段。

2）将停车制动踏板挂在锁定金属件从上往下数的第2个槽口时，确认机器可停止。

3）机器不能在倾斜地段停止时，应利用制动杆的螺钉扣重新调整。

11. 主变速手柄的检查及调整

将插秧机停放在平坦的混凝土地面上，确认机体已停止。此时，主变速手柄位于"中立"位置，副变速手柄位于"田间作业"位置；停车制动踏板处于释放状态；发动机转速约为2800r/min。

主变速手柄的检查及调整如图6-11所示。如果主变速手柄扳回"N"档时，机器无法停机，那要按照以下要领调整主变速杆的螺钉扣：主变速手柄处于"中立"位置；副变速

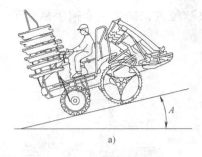
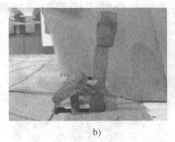
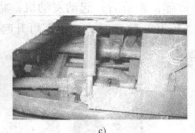

a)　　　　　　　　　　　b)　　　　　　　　　　　c)

图6-10　制动踏板的检查及调整

a）斜坡角度　b）制动踏板　c）制动杆调整

手柄处于"田间作业"位置；起动发动机，将停车制动踏板松开；先松开螺钉扣的锁紧螺母，转动螺钉扣，使机器停止，然后锁紧螺钉扣的螺母。

12. 副变速手柄的检查

副变速手柄的检查与调整如图6-12所示。检查副变速手柄档位是否能正常切换，如无法正常切换，检查副变速手柄下方的连接部位是否有变形或损坏。

13. 插植部升降控制阀检查及调整

插植部升降控制阀检查及调整如图6-13所示。将机体停放在平坦的场所，主变速手柄置于"中立"位置，起动发动机，将插植部升起至任意高度，将栽插离合器手柄置于"中立"位置，然后确认插植部能否停止。不能停止时，旋转螺纹扣进行调节。调节后，将栽插离合器手柄置于"中立"位置，并保持30s，插植部从任意高度（H）下降的距离不得超过10mm。

图6-11　主变速手柄的
检查及调整

图6-12　副变速手柄的检查及调整

14. 后退上升的检查和调整

后退上升的检查和调整如图6-14所示。向左操作主变速手柄，使其从"中立"位置切换到"后退"位置时，载秧台会自动上升。如果载秧台无法上升，调整后退上升钢索的调节部，调节后，起动发动机，将栽插离合器手柄置于"插秧"位置，确认主变速手柄置于"后退"位置时，插植部可升起。

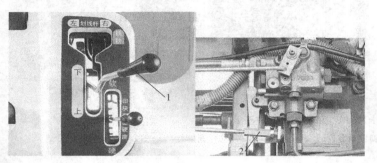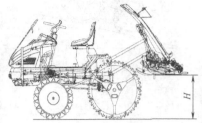

图 6-13　插植部升降控制阀检查及调整
1—栽插离合器手柄　2—螺纹扣　H—任意高度

图 6-14　后退上升的检查和调整

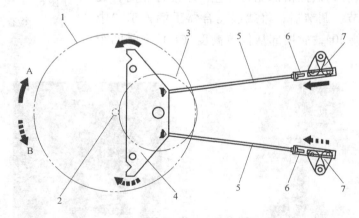

图 6-15　转向离合器的检查和调整
1—转向盘　2—转向轴　3—转向齿轮　4—转向摇臂　5—侧离合器杆
6—连接金属件　7—侧离合器臂　A—右旋转　B—左旋转

15. 转向离合器的检查和调整

在进行调整前，先起动发动机，转动方向盘，朝测量方向操作前轮到最大切角后，再使前轮返回到直进位置，然后关停发动机，此时，转向摇臂呈图 6-15 所示状态。将侧离合器杆置于后方，将侧离合器臂置于前方，在有游隙的状态下，测量侧离合器与臂销连接金属件的长孔的间隙（在拆下侧离合器臂的卡销和平垫圈的状态下进行测量）。通过侧离合器杆的双头螺母部分进行调整，使之达到 7.5~9.5mm。另一侧按照同样的方法调整。

四、高速插秧机的保养

1. 日常保养

在进行保养时必须关停发动机，拆下或打开旋转部的罩壳类零件时，必须重新装好，以免衣服被卷入而发生危险，如果要在插植部升起的状态下进行作业，一定要用液压锁定手柄将其固定住以防落下，同时用垫木等进行制动以防落下；进行空转时，务必升起插植部，机油如有洒落，要将其擦拭干净；附着在蓄电池、消声器、发动机、油箱周围的脏物或燃料以及堆积在其上的泥土会引发火灾，因此应予以清除。

（1）清扫方法 一天的作业结束后，务必清除各个部分的泥土或脏物。注意：请勿向发动机罩内部或驾驶座下部的电气装置喷水，否则会引起故障，卸下的螺栓或螺母必须重新装上并拧紧。

（2）加油方法

1）发动机机油：每天作业前或作业后，检查机油量是否在油量计的下限和上限之间。第一次使用 20h，更换一次机油，以后每 200h 更换一次，发动机机油滤芯每 200h 更换一次，但一般在更换机油的同时也一起换掉。

2）张紧轮：加注普通锂基脂即可，用润滑脂枪加注。

3）变速箱、后车轴箱、插秧箱：第一次使用 50h 后更换，第二次以后每 100h 更换一次，变速箱滤芯每 200h 更换一次（运转后更换）。

4）横向传送丝杠、横向传送轴凸轮滚子：用润滑脂枪加注润滑脂，每天作业前后检查和保养一次，添加普通锂基脂即可，加注应适量，如果过多会把保护套挤坏。

5）插植臂：采用润滑脂与机油（1:1）混合后加注，每天检查一次，一般每 50h 补充一次，但需要时应随时添加。

6）导轨：一般使用普通机油，用加油壶进行加注，每天加注一次。

7）其他各部加油处如钢索类、各滑动部件、各油嘴处，每天作业前后加注润滑脂，选用普通锂基脂即可。

（3）其他部位的维护

1）插秧爪：如果插秧爪磨损或破损，则可能造成无法取苗，导致插秧效果不理想；如果推出装置变形或破损，则会造成浮秧、倒秧、散秧，导致插秧效果不理想。因此，要每天检查一次，磨损超过 3mm（剩余 80mm）时应该更换，更换后应重新调整取苗量，并检查推杆是否变形。插秧爪的检查如图 6-16 所示。检查前将机器停放在平坦的场所，挂上停车制动器，然后关停发动机。

插秧爪的调整：起动发动机后，升起插植部，将液压锁定手柄置于"关"的位置，以防止插植部下降，将栽插离合器手柄置于"合"的位置，然后关停发动机，将取苗量调节手柄扳到最上面，然后将其置于从"多"的一侧向下数的第 6 段沟槽，如图 6-17 所示。将取苗量规放在滑动板的沟槽部分，然后用手转动直到插秧爪碰到取苗量规，松开插植臂的2个紧固螺栓，将插秧爪轻轻地与取苗量规接触。由于上下移动插秧爪会产生偏差，因此在抬起插秧爪的状态下，用螺钉旋具或扳手左右移动插秧爪高度调节螺栓，使插秧爪的前端与取苗量规的"取苗13"（13mm）对齐。

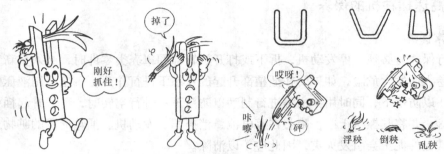

图 6-16　插秧爪的检查

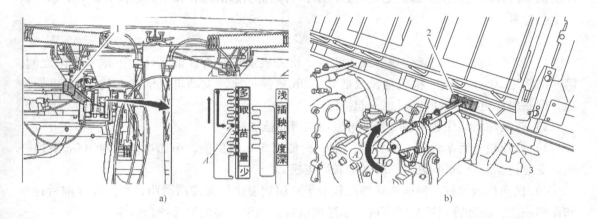

图 6-17　插秧爪的调整

a）取苗量调节手柄　b）量规放置方法

1—取苗量调节手柄　2—苗量规　3—滑动板

2）冷却水箱：打开发动机罩后，确认备用水箱中的水量是否在下限和上限之间。如果低于下限，卸下箱盖补加清水，冷却水自然减少后一定要补充清水。如果补充防冻液，则会使液体浓度增大，从而导致发动机或散热器故障。补充清水时切勿超过上限的刻度线，如图6-18所示。

3）蓄电池：当起动马达的转动力不足、前灯的亮度随着油门的加大或减小而变化、蓄电池电解液减少过快时，应及时充电。首先从机身上卸下蓄电池（拆卸时要先把负极端拆下），然后选择平坦且通风良好的场所充电。另外，充电时应将蓄电池的正极侧和负极分别接到充电器的正极侧和负极侧上，并按一般的方法进行充电；充电结束后，应按与拆卸相反的顺序重新装好。在充电时应注意：蓄电池在车身上时不要充电且远离明火，检查电解液的液面是否在最低线和最高线之间，如果不足要补充纯净水。

a)   b)   c)

图 6-18 冷却水的加放

a) 加水方法 b) 水箱 c) 放水旋钮

2. 入库保养

插秧季节过后，如果在下一年以前长期不使用插秧机，入库前要认真做好各部分的检查和保养工作。

（1）各部分的清扫、加油及修补 将机身停放在平坦的场所，水洗后，彻底擦净污垢和水滴，然后用浸有机油的布进行擦拭，给需要涂抹润滑脂的部位涂抹润滑脂，并给各加油处加油，如果涂抹的润滑脂或机油附着在纵向传送带上，务必将其擦净，在插秧爪的前端等容易生锈的部位涂抹润滑脂，检查各部分是否松动，并根据情况予以紧固。

（2）散热器冷却水 为了防止发动机冬季冻结破裂，应排出冷却水或加入混合有防冻液（长效防冻液）的清水。在补充或更换冷却水时，应向散热器或备用水箱中适量注入按适当的比例混合后的冷却水。

（3）燃料 汽油燃料如放置1个月以上，将会因汽化或氧化而变质，从而导致发动机运转不良或产生故障，务必排出燃料箱及燃料过滤器滤芯内的汽油；保管汽油燃料时，务必使用钢制容器。如果使用聚乙烯壶等树脂容器保管，将会因汽油溶解树脂成分或由于紫外线照射而导致汽油变质，造成发动机运转不良或产生故障。

（4）蓄电池 长期闲置不用时，应尽可能将蓄电池从机器上卸下，另外，在保管时还应注意以下两点：

1）收藏前应进行检查，并根据需要进行充电，对于加水型蓄电池，应先加水后充电。

2）蓄电池在收藏期间会自动放电，因此夏季应每个月检查一次，冬季应每2个月检查一次，并根据需要进行充电。

（5）各种手柄及其他 检查及维护作业结束后，如果要将插秧机停放在仓库，应将插植部安放在地面，并采取以下措施：

1）将油门手柄向前推到底，使其处于"低速"位置，并固定。

2）拔出主开关的钥匙并妥善保管。

3）挂上停车制动器。

≫≫≫ 技能训练

1. 学会高速插秧机的操作与使用。

2. 了解高速插秧机日常维护的方法和季后入库保养的方法。

项目七　水稻直播种植方式

【项目描述】

　　水稻直播就是不进行育秧、移栽而直接将种子播于大田的一种栽培方式。大面积水稻直播可节省大量劳动力，缓解劳动力季节性紧张的矛盾，对实现水稻生产的轻型化、专业化、规模化有着重要的意义，具有广阔的推广前景。

【项目目标】

　　1. 了解水稻直播技术的基本流程。

　　2. 了解水稻直播机的结构原理及故障现象与排除方法。

　　3. 了解水稻直播技术的基本农艺要求。

任务要求

☞ 知识点：

1. 水稻直播技术的优缺点。

2. 水稻直播机的构造与基本原理。

3. 水稻直播机的操作要点。

☞ 技能点：

1. 了解水稻直播机的故障现象，并能够及时排除故障。

2. 掌握水稻直播机的维护与保养方法。

任务分析

　　水稻直播是不进行育秧、移栽而直接将种子播于大田的一种栽培方式。水稻直播有省工、省力、产量高、生育期缩短、有利于发展规模化生产等优点。在江苏北部地区应用较为广泛。

相关知识

　　水稻机械化直播技术是指在水稻栽培过程中省去育秧和移栽环节，将水稻种谷用机械直接播种于大田的一种栽培方式。水稻直播机械化不经过育秧工序，直接把稻种播入大田，由于种子是一次直接播种到大田，与移栽稻相比，并不需要"刺激"水稻根系，再加上浅播和单株稻苗营养面积大，水、肥、光、温、气供应充分，能使水稻分蘖节位降低、分蘖早、根系旺，只要把握好田块平整、杂草清除，合理施肥、恰当管理等环节，就能使种子早生、快发、苗壮、苗齐，从而获得高产和稳产，具有明显的省工、节本的优势。直播技术在消除品种以及田难平、苗难全、草难除问题后，被公认为是节本增效的水稻生产技术，目前水稻直播面积在我国呈上升趋势。

一、水稻直播技术种类

水稻直播技术有水直播和旱直播两种。

（1）水直播　水直播是在田块经旋耕灭茬平整后，土壤处于湿润或薄水状态下，使用水直播机将种子直接播入大田，播种后管好排灌系统，立苗前保持田面湿润，及时化学除草以保全苗。水直播主要用于南方一季稻产区和海南、广东、江苏、浙江、上海一带双季稻产区。播种方式既有人、机点播和条播，也有人、机撒播和飞机撒播。飞机撒播目前在我国仅局限于机械化水平较高的国有农场和农垦农场。多数水直播机机型可播经浸泡破胸挂浆处理的稻种，有的还可以播催牙后的（牙长 3mm 内）稻种。

（2）旱直播　旱直播是在经耕整灭茬、沟系配套，大田处于旱地状态下，采用旱直播机将水稻种子直接播入 1～2cm 的浅土层内的一种水稻种植方式。水稻旱直播有两种栽培技术，一是在旱地状态对稻田进行耕耙整地，然后，旱地播种，播后灌浅水，待稻种发芽、幼根出齐后排水，使田间保持湿润，水稻长至二叶期时再恢复灌水，以后按水稻常规方法管理；二是采用旱种技术，即旱整地，旱地播种，苗期旱长，直到四叶以后才开始灌水，以后按水稻常规方法管理。与旱直播技术配套的机械，北方为谷物条播机，南方稻麦轮作区以 ZBG-6A 免耕条播机为主。旱直播有不受外界气候条件制约、除草效果好的优势。旱直播机型以条播为主，多采用小麦条播机在未灌水的田块直接播种，播深控制在 2cm 以内，这种方法对地块平整度的要求较高，主要适用于我国北方水资源较缺乏的水稻产区，旱直播技术还不太理想，故应用较少。

为了提高水稻直播的产量，要求直播水稻的播种期应避开寒潮，并进行严格的田间管理和除草，加强农田水利排灌系统建设，以实行适度规模经营。

直播技术被认为是节本增效的水稻生产技术，具有以下优点：机械直播操作最简单；机械投资成本最低；用工最省；总作业成本最低。但还存在以下不足：

1）不利于稳产高产。由于直播省略育秧环节，因而播期推迟 20～25 天，营养生长期缩短，成熟期推迟。

2）杂草控制较难。水稻直播后全苗和扎根立苗需脱水通气，而化学除草需适当水层，加之水稻直播后稻苗与杂草竞争能力较移栽弱，易滋生杂草。

3）出苗受天气条件影响较大，播种后如遇低温阴雨天气，容易烂种死苗。

水稻直播机是直接播种稻谷的专业机械，它能一次性完成水稻种植和开沟作业，省去传统水稻种植时做秧田、育秧、拔秧、移栽等环节。要求直播机结构简单、重量轻、操作方便、机组作业可靠、播量均匀、生产率高、经济性好。

二、水稻直播技术的工艺流程

机械化水直播工艺流程如图 7-1 所示。

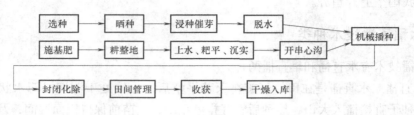

图 7-1　机械化水直播工艺流程

机械化旱直播工艺流程如图 7-2 所示。

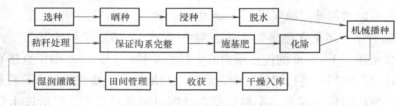

图 7-2　机械化旱直播工艺流程

三、农艺要求

机械化水直播和旱直播，均要求田面要平，以水田和旱地耕整地后的标准为基准。

肥料是获得作物高产的基础。直播稻基肥施用量应占总施肥量的 40% ~ 50%。在旋耕前根据土壤肥力状况，做到有机肥与无机肥、长效肥与速效肥搭配，氮、磷、钾齐全，保证稻苗在前期与中期能吸收到足够的养分。要防止化肥（特别是尿素）与种子直接接触引起烧芽现象。为了控制低位分蘖，直播稻分蘖肥可以在稻苗叶龄 4 ~ 6 叶时施用，每 666.7m² 土地施尿素 5kg 左右。

直播稻播后应注重水浆管理。直播稻发芽期以浸水为主促长芽，促发根及出苗是直播后出苗期水浆管理的重要原则，水稻直播后应开好畦沟、围沟，发芽前可灌浅水，待发芽后即排水落干，保持沟中有水、畦面湿润、田面不发白、不开裂。旱直播稻播后遇干旱应沟灌窨墒，防止因长期干旱而回芽不出苗。直播稻第三叶长出以后，由于稻苗通气组织已经发育健全，可以灌浅水，进入正常的水浆管理阶段。三叶期以后，可长期保持水层。

直播稻田杂草发生期比移栽稻田长，扎根出苗期湿润灌溉最易诱发杂草，杂草种类也多于移栽稻，直播稻田杂草的发生量比移栽稻田大十几倍到几十倍。主要的发草高峰期有两次，一次是水稻出苗前，土壤湿润阶段；一次是三叶期后建立水层阶段。在防治策略上狠治一次高峰，采取芽前封杀措施减少发草基数；控制二次高峰，进行茎叶处理，消灭杂草危害。为了减轻化学除草剂对环境及稻米的污染，进行无公害无污染生产，对杂草防治应采取轮作、耕作、农艺、化学等综合措施。

直播稻病虫害的防治与常规稻不同的主要是在前期。苗期稻蓟马和稻象甲、潜叶蝇的防治：在秧苗放青后做到常检查、勤观察，一旦发现虫情，立即用药防治。

四、水稻直播机械的种类

根据作业环境的不同，水稻直播机械可分为水稻水直播机和水稻旱直播机两大类。目前我国使用的水直播机和旱直播机多采用外槽轮式播种方式，如上海、江苏等省市普遍使用的沪嘉 J-2BD-10 型水直播机和苏昆 2BD-8 型水直播机、2BG-6 型稻麦少（免）耕条播机及其改良型旱直播机等。

1）沪嘉 J-2BD-10 型和苏昆 2BD-8 型水稻水直播机均采用独轮驱动，动力为 3 马力柴油机，播种方式为条播，播种行数为 10 行或 8 行，播幅均为 2m，播种量为 60～75kg/hm²，可调，生产率为 0.53hm²/h，结构轻巧，轻便灵活，能充分体现水稻水直播机省工、省力、节本的特点。

2）2BG-6 型稻麦条播机与东风-12 型手扶拖拉机配套，可一次完成旋转碎土、灭茬、开沟、下种、覆土、镇压等多道工序。工作方式为浅旋条播，播幅 1.2m，行数为 6 行或 5 行，播深 10～50mm，播种量为 60～110kg/hm²，生产率为 0.23～0.4hm²/h。

3）目前我国许多地区研制了多种播种形式的直播机，如江苏省农机技术推广站与苏州市水利农机科学研究所共同研制开发的水稻穴播机，采用圆盘容孔式播种器，行数 6 行，行距 300mm，穴距 120mm，生产率 0.25～0.35hm²/h。2BD-8 型振动气流式水直播机，采用振动式排种、气吹式入土的方式，行数 8 行，生产率为 0.4hm²/h。广西玉林市生产的 2BD-5 型人力水稻点播机，播种行数 5 行，播幅 1.25m，生产率为 0.13～0.20hm²/h。

原有水稻直播机有独轮行走机构加整体式支承板，机体笨重，操作困难，劳动强度大，且存在不安全因素；槽轮式排种器不适应水稻种子的物理特性，排种性能不稳定，伤种率高。现在许多地区正在研制新型水稻直播机以克服以上弊病，如昆山农机研究所研制的直播机，采用带式机构，上排式，具有不伤种的优点，同时应用分体式浮舟，避免了大拖板壅泥壅水的现象。

五、水稻直播机的一般构造和工作过程

1. 水稻水直播机

水稻水直播机是在经耕整耙平后的水田中作业的播种机械，其特征是具有一套能在道路和水田中行走的行走机构和一套能按特定农艺要求将种子排放在水田内的播种机构。行走转移时，行走驱动轮和尾轮支承机组，切断播种机构的传动，发动机动力经驱动轮作用于道路而行走。田间作业时，更换上水田驱动轮和拆除尾轮，利用水田驱动轮和船板支承机组，发动机动力经水田驱动轮作用于土壤而前进，船板下面的几何形状在水田表面整压出适合水稻生长的种床和田间沟。播种机构利用直接和间接的动力驱动，完成对种子的分种、排种和落种工作，将种子按要求排放到种床上即完成作业。

根据播种机的排种器不同，机具分为常量播种（如沪嘉 J-2BD-10 型水稻直播机和苏昆

2BD-8 型水稻直播机）和精量播种（如 2BD-6D 型带式精量直播机）两大类。

（1）沪嘉 J-2BD-10 型水直播机

1）沪嘉 J-2BD-10 型水直播机的基本结构及工作原理。沪嘉 J-2BD-10 型水直播机的整体结构可分为两大部分：行走传动部分和播种工作部分，如图 7-3 所示。播种工作部分主要由种子箱、排种器及传动轴、播种地轮、接种杯和输种管、升降杆总成等部分组成。

机具工作时，动力经行走传动部分传递到驱动轮，驱动轮转动而匀速前进。船板将驱动轮行走痕迹抹掉，同时压出种床和田间沟；排种器由排种动力驱动，排出的种子经输种管靠自重落入种床内而完成作业。

2）主要工作部件。排种器及传动轴部分是水直播机播种部分的主要工作部件，由外槽轮排种器、排种轴、播量调节机构、播种地轮轴及安装架等部件组成。

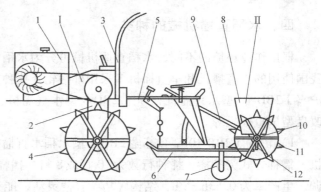

图 7-3　沪嘉 J-2BD-10 型水直播机结构示意图
1—发动机　2—行走传动箱　3—操纵转向机构　4—驱动轮
5—牵引架　6—船板　7—尾轮　8—种子箱　9—升降杆总成
10—排种器及传动轴　11—播种地轮　12—接种杯和输种管
Ⅰ—行走传动部件　Ⅱ—播种工作部件

（2）苏昆 2BD-8 型水直播机

1）苏昆 2BD-8 型水直播机的基本结构及工作原理。苏昆 2BD-8 型水直播机是昆山市农业机械化推广站 20 世纪 90 年代研制的产品。该机整体结构也分为两大部分，即行走传动部分和播种工作部分，如图 7-4 所示。机具适当加大了行距，以适应高产地区水稻种植的需要。

苏昆 2BD-8 型水直播机的工作过程和沪嘉 J-2BD-10 型水直播机基本相同，所不同的是排种动力经行走传动部分的动力输出轴、万向节传动轴传至蜗杆减速器，经蜗杆副减速带动排种器工作。

2）主要工作部件。参见沪嘉 J-2BD-10 型水稻直播机。

（3）2BD-6D 型带式精量水直播机

1）2BD-6D 型带式精量水直播机的基本结构和工作原理。2BD-6D 型带式精量直播机是昆山市农业机械化技术推广站近年来新研制的水稻精量直播机，整体结构也分为行走传动和播种工作两

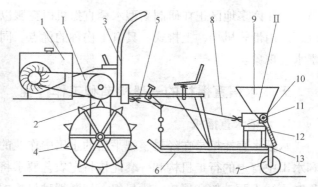

图 7-4　苏昆 2BD-8 型水直播机结构示意图
1—发动机　2—行走传动箱　3—操纵转向机构　4—驱动轮
5—牵引架　6—船板　7—尾轮　8—万向节传动轴
9—种子箱　10—排种器及传动轴　11—蜗杆减速器
12—接种杯和输种管　13—种箱架
Ⅰ—行走传动部件　Ⅱ—播种工作部件

大部分，如图 7-5 所示。机具的工作过程和苏昆 2BD-8 型水直播机类似，所不同的是播种工作部分采用了国家实用新型专利的橡胶"带式播种器"作为主要播种元件，完成了水稻的精量直播。

2）主要工作部件。排种器仍是播种部分的主要工作部件，该机采用了新型的带式排种器。带式排种器利用上排式带状种槽，经较长距离的充种使种槽种子充实、稳定和可靠，利用滚动毛刷刷去种槽外多余的种子，实现精量播种。排种器主要工作元件采用橡胶或橡塑材料制造，减少了排种、分种零件的相对机械运动，有效降低了伤种、伤芽的几率，具有不伤种、不伤芽、无断垄断条、播量稳定性好等优点，是一种新型排种部件。

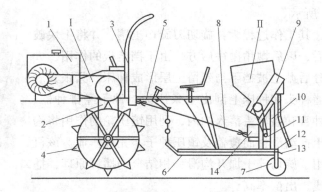

图 7-5   2BD-6D 型带式精量水直播机结构示意图

1—发动机 2—行走传动箱 3—操纵转向机构 4—驱动轮
5—牵引架 6—船板 7—尾轮 8—万向节传动轴
9—排种器 10—排种器架 11—变速箱 12—输种
管固定架 13—开槽器 14—回种盒
Ⅰ—行走传动部件 Ⅱ—播种工作部件

2BD-6D 型带式精量水直播机的带式排种器如图 7-6 所示，其主要由种箱体（上箱）、排种带箱（下箱）、排种带组件、刷种轮组件和接种杯及输种管等部件组成。

2. 水稻旱直播机

水稻旱直播机是在尚未灌水的田间播种水稻的作业机械，根据机具作业前的土壤耕作情况，可分为常规播种机和旋耕播种机两大类。常规播种机是在土壤经耕翻、破碎和平整作业后，利用机具的开沟器在土壤表面开出一

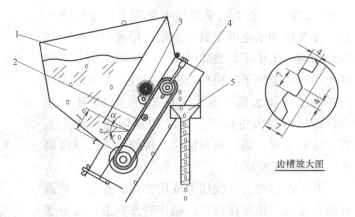

图 7-6   带式排种器图

1—种箱体（上箱） 2—排种带组件 3—刷种轮组件
4—排种带箱（下箱） 5—接种杯及输种管

齿槽放大图

条沟作为种床，同时利用地轮动力或主机动力驱动排种器工作，将种子按要求从种箱排出，经输种管落入种沟，再利用沟壁土的滑移及覆土器的作用覆盖。旋耕播种机是在留茬田直接浅旋破碎土壤，使其达到播种需要的大小而覆盖种子，当土块抛在空中时，排种器由地轮或机具自身的动力驱动排出种子，经输种管和安装在后抛土曲线下的播种头落入种沟，后抛土落在种子上覆盖种子，经镇压轮镇压即完成播种作业。根据排种器最小排种量的不同，机具也分为常量播种和精量播种。

下面介绍常见的 2BD（H）-120 型水稻旱直播机和 2BG-6A 型稻麦条播机。

（1）2BD（H）-120 型水稻旱直播机

1）2BD（H）-120 型水稻旱直播机型的基本结构及工作原理。2BD（H）-120 型水稻旱直播机的结构包括旋切碎土装置、播种装置、镇压轮与框架、排种动力传动部分等，如图7-7 所示。

其工作过程为：旋切刀旋切土壤，并将土块破碎后，以后抛角抛往后方，由于挡土板的作用，大部分后抛土被挡下与残留土层形成种床，紧跟其后的播种头在种床上刮出一条浅沟，种子经排种器、输种管和播种头落入沟内，利用镇压轮的作用将沟壁土推动滑移而覆盖及镇压种子，完成作业。该机采用了旋切碎土加开沟滑移相结合的播种原理，播深浅，出苗率高。

2）主要工作部件。排种器选用了新型的可调窝眼轮式排种器，用轴端螺旋进行播量调节，具有播种量小且均匀的优点。

（2）2BG-6A 型水稻旱直播机

1）2BG-6A 型水稻旱直播机的基本结构及工作原理。2BG-6A 型水稻旱直播主要用于稻麦轮作区的三麦条播和水稻的旱直播。根据稻麦轮作区土壤含水率高、土块不易破碎的特点，该机采用了旋切碎土后抛覆盖种子的播种原理，实现了稻麦轮作区的三麦条播和水稻旱直播。自20 世纪80 年代至今，该机得到大量推广，其结构包括旋切碎土装置、播种装置、镇压轮与框架、排种动力传动等部分，如图7-8 所示。

其工作过程为：旋切刀旋切土壤，并将土块破碎后，以后抛角抛往后方，抛往后方的土一部分通过罩壳与地面的空隙后碰到挡土板而落下覆盖种子，另一部分由于直径较大或抛角较高被罩壳挡住进行重复打击，然后落入地面与未曾抛起的土合成种床；拖拉机左驱动半轴通过链轮一、链条、链轮

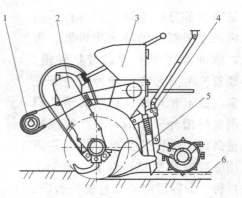

图 7-7　2BD（H）-120 型水稻旱直播机结构与工作原理示意图
1—排种动力传动　2—旋切碎土装置
3—播种装置　4—镇压轮与框架
5—旋抛土　6—种子

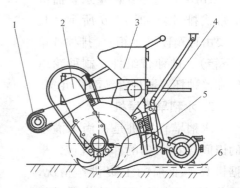

图 7-8　2BG-6A 型水稻旱直播机结构与工作原理示意图
1—排种动力传动　2—旋切碎土装置
3—播种装置　4—镇压轮与框架
5—旋抛土　6—种子

二、排种离合器带动排种轴，种子靠自重通过接种杯、输种管落入播种头，被播种板弹入种床，此时，后抛土落到地面覆盖种子，再被镇压轮稍稍压平和压实，完成作业。

2）主要工作部件。排种器选用了国家标准的塑料外槽轮式排种器和拨动式播量调节装置。

3. 水直播机的操作与调整

（1）操作

1）按柴油机使用说明书检查柴油机，加注润滑油和燃油。

2）检查各连接件的螺栓、螺钉是否松动，如有松动要拧紧或更换，用手转动地轮，检查地轮和排种器转动是否灵活，如果发现转动凝滞应查明原因及时排除。

3）首先在平坦的地方，使机器空运转3～5min，然后根据农艺要求和谷种的不同进行播种量调整。

4）机器下田之前，应拆下橡胶轮换上水田轮，同时拆去尾轮。注意选好进出田的路线，机组以慢档下田，进田的起播点要距离田边和地头一个播幅，以便最后绕田一周播完全田。播种路线参考图7-9，机组作业行走要直，同时注意靠行。

5）播最后一趟时要用插板关闭数行或半幅使其不下种，才能使田边留一个播幅宽度以便绕播，注意在绕播时宁可重播，切勿漏播。

6）种子箱内剩20%左右的种子时便需要加种，若最后要把种子播完，则直播机船底板上需要站人照料，以防排种盒内缺种造成漏播。

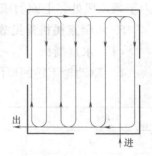

图7-9 水直播田
间运行线路

7）清理种子箱。机组出田后，若不再播或要更换稻种，则需清理种子箱，可以先在机组下面铺塑料布或帆布，再打开放种口，种子便可依靠自重下落而很快排空。

8）操作时的注意事项：

①必须在机器停止运动状态下检查和调整，严禁在工作过程中对机器进行检查和调整，发现机器有不正常气味和响声应立即停止转动，并检查修理。

②换档必须将离合器置于分离或制动位置，切断动力，严禁不停车换档。

③当田间泥脚太深而陷车时，可以在驱动轮下面塞垫木板，并用绳子牵引机头，不要站在驱动轮前面直接用手拉，也可以抬起后面的船体以减少阻力，但不能去抬机头。

④行驶时，驱动轮要改用胶轮而不能用水田轮，路面不平时不能用快速档行驶。

⑤不要在种子箱上堆放重物，以防变形损坏。

⑥在装拆排种器时，禁止用铁锤敲打。

（2）排种量调整

1）机器在使用前的排种量调整。首先在平坦的地方，使机器空运转3～5min，然后根据农艺要求和谷种的不同进行播种量调整，其方法是：松动排种器后锁紧螺钉，移动拨杆，一般使播种量在$1m^2$内，谷种为65～75粒为宜，调好后，拧紧锁紧螺钉，以防作业时松动。

2）机器在水田正式播种时调整。因为陆地运转与下水田作业时环境有变动，必须再次调整，方法同上，直到符合农艺要求为止。

4. 水直播机的维护与保养方法

1）机器在使用过程中，必须按照使用说明书规定的要领操作，以保证机器能发挥最大的功效和使机器经常处于良好的技术状态。

2）每天工作完毕后，要清除机器上的泥土，停放在机库里面，没有机库也需搭个棚舍，不能让机器在露天里日晒雨淋。

3）各个润滑处要及时加注润滑油。

4）每个农业季节机器使用后，应检查全部零件，如有损坏或者严重磨损的应进行修理更换。

5）机器停用后，应将机器擦干净，在非油漆表面涂油，以防锈蚀。机器必须平放在室内干燥通风处，上面勿压重物，以防机器变形。

5. 水稻直播机常见故障及排除方法

（1）水直播机

1）驱动轮不转的原因及排除方法见表7-1。

表 7-1　驱动轮不转的原因及排除方法

序　号	故 障 原 因	排 除 方 法
1	带打滑	张紧带
2	离合器打滑	调整离合器
3	调档	找出原因予以排除

2）播种不均匀的原因及排除方法见表7-2。

表 7-2　播种不均匀的原因及排除方法

序　号	故 障 原 因	排 除 方 法
1	地轮拉起过高	放低地轮
2	地轮叶片变形或受损而产生滑转	校正或修复地轮叶片
3	调节螺杆锁紧螺母松动	拧紧或更换

3）播种量减少的原因及排除方法见表7-3。

表 7-3　播种量减少的原因及排除方法

序　号	故 障 原 因	排 除 方 法
1	调整杆紧锁螺钉松动或磨损	拧紧或更换锁紧螺钉
2	谷种太湿	将谷种适当晾晒一下
3	谷种杂质谷较多	停机清理
4	排种槽轮磨损	重新调整或更换新件
5	排种槽轮游动	重新调整紧固固定圈

4）排种量过大的原因及排除方法见表7-4。

表 7-4　排种量过大的原因及排除方法

序　号	故 障 原 因	排 除 方 法
1	排种槽轮调节尺寸过大	重新调整
2	排种地轮游动	重新调整紧固固定圈
3	排种导板位置不对	重新调整

5）断条的原因及排除方法见表7-5。

表7-5　断条的原因及排除方法

序　号	故障原因	排除方法
1	谷种内含有杂质	将谷种用筛子清选
2	排种离合器不接合	接合离合器
3	传动部件失效	修复或更换

6）机具打滑的原因及排除方法见表7-6。

表7-6　机具打滑的原因及排除方法

序　号	故障原因	排除方法
1	水田轮方向装反	重新装水田轮
2	田太干	灌水再播
3	泥脚太深	放水晾干

7）塞泥挡水的原因及排除方法见表7-7。

表7-7　塞泥挡水的原因及排除方法

序　号	故障原因	排除方法
1	田内水太多	放水、晾干再播
2	机具行走速度太快	减速
3	水田沉实时间太短	停机，等1~2天再播

（2）旱直播机

1）爬链的原因及排除方法见表7-8。

表7-8　爬链的原因及排除方法

序　号	故障原因	排除方法
1	链轮一的齿和链轮二的齿不在一条直线上	重新调整
2	链条严重锈蚀	正确存放
3	链条太松，未张紧	张紧链条

2）壅土的原因及排除方法见表7-9。

表7-9　壅土的原因及排除方法

序　号	故障原因	排除方法
1	镇压轮与刮土角铁间粘土、缠草	清除土块和杂草
2	刮泥角铁与防滑齿相碰	调整防滑齿的位置
3	土壤含水率过高	采用滑橇作业

3）断行或漏播的原因及排除方法见表7-10。

表7-10　断行或漏播的原因及排除方法

序　号	故　障　原　因	排　除　方　法
1	播种头及输种管的出口被泥杂堵塞	清除泥杂
2	未合上排种离合器	及时合上排种离合器
3	未能及时增加种箱内的种子	保证种箱内有足够的种子

4）离合器失灵的原因及排除方法见表7-11。

表7-11　离合器失灵的原因及排除方法

序　号	故　障　原　因	排　除　方　法
1	定位弹簧弱	更换弹簧
2	操作杆球头磨损严重	修复球头或更换
3	啮合套拨档槽磨损严重	修复或更换

附录 A　SPW-48C 动力传递路线

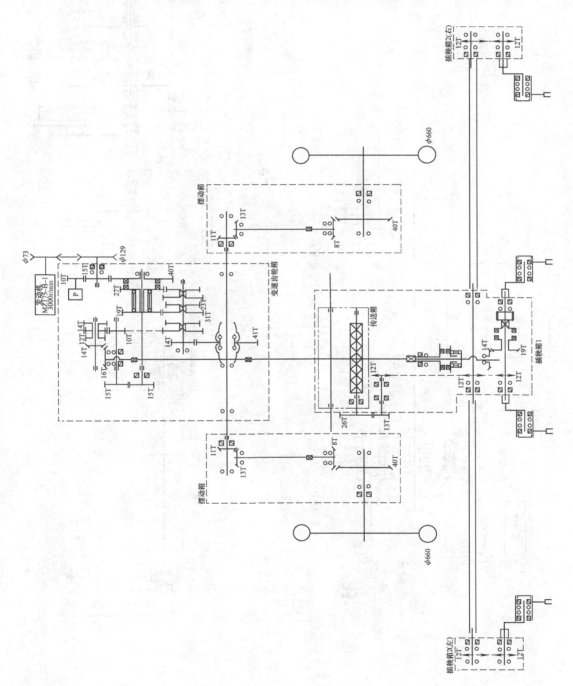

附录 B　NSPU68C-M 动力传递路线

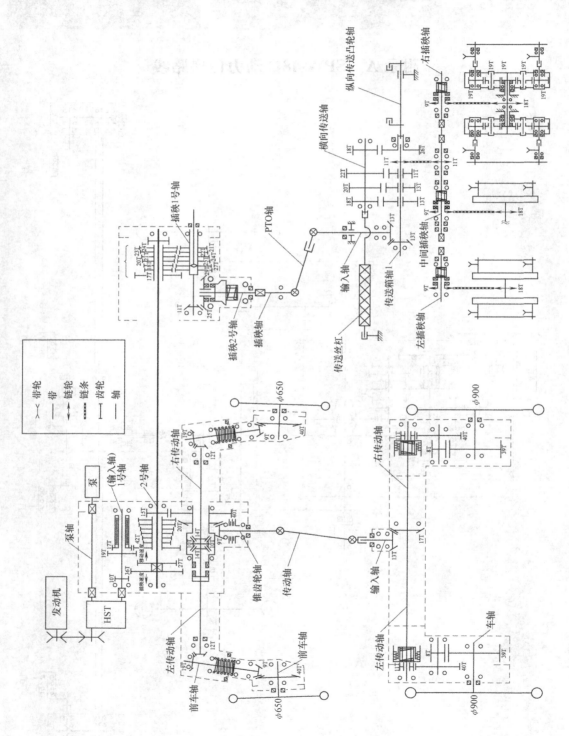

参 考 文 献

［1］ 柏建华，马福文. 农田作业机械使用技术问答［M］. 北京：人民交通出版社，2001.

［2］ 刘丰亮. 水稻插秧机高级维修技术［M］. 银川：阳光出版社，2010.

［3］ 汪金营. 水稻播收机械操作与维修［M］. 北京：化学工业出版社，2009.

［4］ 岑竹青. 水稻机插秧适用技术问答［M］. 合肥：安徽科学技术出版社，2008.

［5］ 蒋恩臣. 农业生产机械化［M］. 北京：中国农业出版社，2003.

［6］ 彭卫东. 水稻机插秧技术及其推广［M］. 北京：中国农业科学技术出版社，2009.

［7］ 涂同明. 水稻机械化插秧必读［M］. 武汉：湖北科学技术出版社，2009.

［8］ 朱德峰. 水稻机插育秧技术［M］. 北京：中国农业出版社，2010.

［9］ 朱亚东. 我是插秧机操作能手［M］. 南京：江苏科学技术出版社，2007.

参 考 文 献